i
imaginist

想象另一种可能

理想国
imaginist

生存还是毁灭
人生终极问题的坦率指南
The Human Predicament: A Candid Guide to Life's Biggest Questions

[南非] 大卫·贝纳塔（David Benatar）著
张晓川 译

北京日报出版社

THE HUMAN PREDICAMENT: A Candid Guide to Life's Biggest Questions
by David Benatar
Copyright © Oxford University Press 2017

The Human Predicament: A Candid Guide to Life's Biggest Questions was originally published in English in 2017. This translation is published by arrangement with Oxford University Press. Beijing Imaginist Time Culture Co., Ltd. is solely responsible for this translation from the original work and Oxford University Press shall have no liability for any errors, omissions or inaccuracies or ambiguities in such translation or for any losses caused by reliance thereon.
All rights reserved.

北京版权保护中心外国图书合同登记号：01-2020-0985

图书在版编目(CIP)数据

生存还是毁灭：人生终极困境的坦率指南 /（南非）大卫·贝纳塔著；张晓川译．——北京：北京日报出版社，2020.3
ISBN 978-7-5477-3504-6

Ⅰ．①生… Ⅱ．①大… ②张… Ⅲ．①伦理学－通俗读物 Ⅳ．① B82-49

中国版本图书馆 CIP 数据核字 (2020) 第 038477 号

特约编辑：鲍夏挺　EG
责任编辑：许庆元
装帧设计：周　南
内文制作：陈基胜　EG

出版发行：北京日报出版社
地　　址：北京市东城区东单三条8-16号东方广场东配楼四层
邮　　编：100005
电　　话：发行部：（010）65255876
　　　　　总编室：（010）65252135
印　　刷：山东韵杰文化科技有限公司
经　　销：各地新华书店
版　　次：2020年3月第1版
　　　　　2020年3月第1次印刷
开　　本：880毫米×1230毫米　1/32
印　　张：9.25
字　　数：174千字
定　　价：49.00元

版权所有，侵权必究，未经许可，不得转载

本书献给家人和朋友，感谢你们减轻我的困境。

序　言

我们出世，我们生活，我们一路上受苦，然后我们死去，此后永远地被抹除。我们的存在不过是宇宙时空中的一次小小波动。难怪很多人要问："这一切到底是为了什么？"

我在本书中主张，对上述问题的正确回答是："说到底，不为什么。"尽管有不多的慰藉，人的境况实际上仍是一种悲剧性的困境，这种困境无人可逃，因为困境不仅在于生，也在于死。

应在意料之中的是，这番见解并不招人喜欢，会令人相当抗拒。因此，我请读者不怀成见地读解我为这个（总体上但不完全）黯淡的观点所做的论证。真相往往是丑陋的。（想来点轻松调剂的话，就看看注释里偶尔会有的笑话或者调侃吧。）

有些读者可能想问这本书与我前一本书（《最好从未出生

过》[1])有什么关系,我在那本书中也论述了一些令人沮丧的看法,即来到世间是严重的伤害;以及一个反生育论的结论:我们不应当造出新的生命体。对两书关系的问题,我首先要回答的是,虽然前一本书提到了《生存还是毁灭》涉及的某些话题,但完全没有深入探讨。

本书与前书唯一的显著重叠之处,是两者都探讨了人类生命的低质量。由于这个话题在《最好从未出生过》里较为详细地探讨过,所以我确实想过在《生存还是毁灭》里完全略去不写。但是,生命质量对于人的困境是如此根本,任何的弃之不论都像是严重的疏漏。不过即便如此,我的论证自从首次在《最好从未出生过》中提出后,也已经有了发展。我在《生育之辩》[2]一书第3章重新撰写了论证,本书收录了这一章,做了改编。

《最好从未出生过》与《生存还是毁灭》的主题有很大差别,且后者的论证并不预设反生育论,但这些论证确实为反生育论提供了进一步的支持。

虽然我研究本书所涉的主题已有多年,但本书成稿于我在马里兰州贝塞斯达的美国国立卫生研究院(NIH)生命伦理学系做访问学者期间。我有责任做一个声明:我自己都觉得好笑,因为很难想象会出现混淆。声明内容是:"本书观点仅属于作者本人,不代表NIH临床医学中心和美国卫生及公共服务部(HHS)

的立场。"

生命伦理学系赞助我访学，热情招待我度过了一个激动人心的学年（2014—2015），能对此致以谢意，我深感有幸。生命伦理学系的生命伦理学联合研讨会（Joint Bioethics Colloquium）以"死"为主题，可谓一个不幸主题上的幸运巧合。会上的讨论，以及一个主题相似的阅读小组中的讨论，都使我受益。在NIH，我收到了对本书两章的反馈，对我很有帮助。其中一章另又宣讲过两次，一次是在乔治·华盛顿大学的某个午餐间讨论班，另一次是在开普敦大学哲学系的一个讨论班。由本书一章改写成的论文，也在国际死亡与濒死哲学协会（International Association for the Philosophy of Death and Dying）举办于纽约雪城的一场学术会议上宣读过。

参与这些论坛的学人提出过很多有用的意见，对此我表示感激。尤其要感谢约瑟夫·米拉姆（Joseph Millum）和戴维·沃瑟曼（David Wasserman），他们对其中一章做了详细的书面反馈；感谢特拉维斯·蒂默曼（Travis Timmerman）和弗雷德里克·考夫曼（Frederik Kaufman），他们对我在那场主题为死亡与濒死的会议上宣读的论文做了书面评论；还要感谢戴维·德格拉齐亚（David DeGrazia）和丽芙卡·温伯格（Rivka Weinberg），他们读完了整部书稿，并给予评论。

杰茜卡·杜·托伊特（Jessica du Toit）在我的尾注的基础上编制了参考文献，把所有的书目转换成要求的格式，在此过程中还细心查出一些错误并予以纠正。

我还要感谢开普敦大学批准我休假，使我能以访问学者身份前往NIH，完成本书的写作。我也对牛津大学出版社的彼得·奥林（Peter Ohlin）对本书的兴趣和他那些有益的评论表示感谢。

最后，我也有一份感激要向家人、朋友表达。他们与我同处人的困境，却减轻了我本人的困境。我把这本书献给他们。

D. B.

2016年8月14日于开普敦

阅读指南

关于人的存在的大问题,本可说是哲学家的生计来源。的确有很多哲学家像作家、艺术家等等那样,曾与这些问题相搏。但是一直以来,考察过这些问题且风格又吸引公众兴趣的哲学家,大多来自(欧洲)"大陆"传统。在这点上,不妨想想法国、德国的存在主义者。他们的写作风格常常更文学化,更能唤起共鸣。虽然这种风格广受追捧,英语世界更多见的分析哲学家则往往批评这种写作太过云山雾罩,不够准确。

分析哲学家感兴趣的——起码自称感兴趣的,是严格的论证,其中关键术语能明确阐述,区分能有效做出,结论也都是从前提有效推得。我同样认为这种方法论是此类问题上求取真知的不二法门。但触碰过人生大问题的分析哲学家当中,有许多（不是说所有，甚至也不是说大多数）都把问题降格为枯燥、艰涩的讨论，结果抽去了问题本身的力量。读者原本对问题兴致勃勃，结果很快就陷入厌倦。

无可否认，找到正确的道路很难，因为既要避免大而无当的宣言和过度修辞造成的故弄玄虚，也要避免深奥、乏味、细而又细的条分缕析。换言之，对复杂问题做出易懂、有趣而严格的探讨，并非易事。

本书不是大众通俗哲学著作。它的风格不是那种大众读者喜闻乐见的风格，它辩护的观点也几乎不可能是大众的观点，至于为何如此，下文会做解释。（就最后这点来说，我想也许可以说本书是一部非大众、不通俗的哲学著作。）不过，本书的写作确实有个目标，那就是既让有悟性的非专业读者能读、能懂，又足够严格，能满足构成本书期望读者群的另一部分人，即专业哲学家（及有志于哲学专业的读者）。但愿我取得了恰切的平衡。

不过，为辅助那些或许对本书较为技术性、学理性的部分不那么有耐心的读者，我在此提供一份略读指南。

第1章 引论

这章较短，所有人应该都容易读下来。不过，这章的首末两节内容受众最广。读者若不太在意搞清楚悲观与乐观态度在本质上有什么细微差别,可以跳过"悲观与乐观"一节。接下来的"人的困境与动物困境"解释了我为什么专注于人的困境而不是更一般性的动物困境,无须被我说服的读者也可以跳过这节。

第 2 章 意义

这章的引言属于必读。后面一节("对问题的理解")有少许偏学理的分析,但都散布在更关键的材料中,所以应该完整读下来。"(有几分好的)好消息"也应该全读。

第 3 章 无意义

"坏消息"的前几段必读,短短的结论也必读。夹在此二者之间的是这章的主体部分,其中我考虑了对坏消息的各种乐观回应。嫌烦的话,挑想读的来读也行,不过我建议全读。"自然之'目的'"也许可以例外,这是所有乐观回应里最不有趣的。

第 4 章 质量

这章对哲学家和非哲学家应该都好理解。读者如果熟悉《最好从未出生过》第 3 章或《生育之辩》,可以按需跳过这章。但即使是此类读者也应该读一下第一节"生命的意义与质量"。

第5章 死

本章比其他章长很多。其中某些部分也属于本书最具技术性的讨论（因此对一些读者来讲最为乏味）。读者如果无须说服就相信"死对自己是坏事"，并对相关问题上的哲学论辩不感兴趣，可以跳过构成本章主体的两节，即"死是坏事吗"及"不同的死各有多坏"。但跳过这两节的读者，要明白自己错过的是力图解释死**为什么**是坏事的论证。我从不止一个理由论证了死是坏事。其中一个理由是，一个人死了，那么死就剥夺了这个人假如没死则会享有的好处。另一个理由是，死把一个人毁灭了——它无可逆转地终结了这个人的存在。由此推出，纵使死本身不坏，但全盘考虑之下，由于死把人的那么一点好处也给剥夺了（尽管这点好处尚不足以抵过活着所遭受的坏处），故而从某个角度看，死仍是坏事。死终究毁灭了一个人。

第6章 永生

这章很短，所有读者应该都容易读懂。

第7章 自杀

引言和结语都应该读，而本章除这两节外大体分为两部分。前半部分回应了主张自杀决不可容许或绝非理性之举的论证，而后半部分进一步提供理据，来支持把自杀视为对人的困境某些方面的回应。无须听我论说自杀有时既可以允许也是理性之举的读者，可以在必要时跳过前半部分，不过也许仍有兴趣读读这章后半部分。

第 8 章 结论

结论一章很简短，应该全读。

目 录

序言 i
阅读指南 v

第 1 章 引论 1
第 2 章 意义 15
第 3 章 无意义 41
第 4 章 质量 75
第 5 章 死 105
第 6 章 永生 159
第 7 章 自杀 183
第 8 章 结论 223

注释 239
参考文献 269

第 1 章

引　论

人类无法承受太多的真实。

——T. S. 艾略特，

《燃毁的诺顿》，收录于《四个四重奏》

人生大问题

本书关心人生的"大问题",事实上是最大的问题:我们的生命有意义吗?人生值得一过吗?对我们终有一死这个事实,我们该作何回应?假如我们能永生,会更好吗?我们可不可以/应不应该不等我们的生命自然走到终点,就以自杀的方式提早结束它?

很难想象有思考习惯的人不会在某时某刻琢磨这样的问题。至于对问题的各种回应,则不只在细节上各式各样,连大方向也迥然有别。有些人提供现成的、抚慰人心的回答,这些回答可能是宗教性的,也可能是世俗的;还有些人觉得这些问题彻底无解,且这种无解无法克服;而另一些人则认为,对这些大问题的正确回答,总体上令人沮丧。

虽然在书的开头吓跑读者并不明智,但我仍应该开宗明义:我的看法属于上述第三类,这类看法几乎一定是最不流行的。我要论证,对人生大问题的(正确)回答,会揭示出人的境况是一种悲剧性的困境,逃无可逃。一句话:生是坏事,但死也一样。

当然，生并非在每个方面都坏，死也不是在每个方面都坏。然而，无论生还是死，在一些关键方面都很糟糕。两者合在一起，构成了一把存在之钳，恶狠狠地把困境钳在了我们身上。

困境的具体情况会在本篇引论与书末结论之间的六章里讲述。不过，大体轮廓可以先在这里概述一番。

首先，从宇宙角度看，生命没有意义。我们的生命可以对彼此有意义（第 2 章），但并没有更广阔的本旨和目的（第 3 章）。在这个对我们完全漠然的茫茫宇宙中，我们是渺无意味的微尘。我们的生命能够具备的有限意义是短暂而不持久的。

这本身够令人不安了，但还有更糟糕的，因为如我在第 4 章所论，我们的生命质量竟也如此低劣。有些生命明显比其他生命的质量差，但就连质量好的生命，从根本上说，也是坏多于好，这与流行看法截然相反。至于为什么人们没有普遍认识到我们这种境况的不幸，我们对此有令人信服的解释。

为了应对生命的宇宙性意义阙如（cosmic meaninglessness）以及生命之低质量，有些人可能不禁觉得，我们必须否定另一个流行看法——死是坏事。如果说生是坏事，那么可能会有人主张，死必定是好事，是从生之惨境中的快意解脱。然而如我在第 5 章所论，我们应该接受死是坏事这一主流观点。这个观点受到的最著名的质疑是伊壁鸠鲁派的论证：对死者来说死不是坏事。

伊壁鸠鲁派没有说死是好事,但在反对他们的论证并赞同死是坏事之际,我得出了这样的结论:死不是对生命之困苦的(无代价)解决方案,而是我们存在之钳的另一条钳口。死无助于抵御我们的宇宙性意义阙如,也通常会(尽管不是一定会)减损我们能获得的有限的意义。而且,死虽然使我们从苦痛中解脱,因而在某些时候成了最不坏的结局,但即使在这些时候,死仍是严重的坏事。这是因为解脱的代价是一个人的毁灭。

鉴于死这么糟糕,无怪乎有些人以否认有死性来应对它。有些人认为我们会复活,或者认为,我们会在死后以新的形式存续。还有些人认为,虽然我们目前终有一死,但实现永生是在科学能力限度之内的。在第6章,我会回应此类妄想和幻想,并追问:假如永生是可得的,它会不会是好事。这个问题无法由第5章的结论来解决,因为同时认为死是坏事但永生也是坏事,这是可能的。比方说,死可以很坏,但永生可能更坏。我主张,虽然永生在很多种情况下的确会是坏事,但也能想象,某些条件下,拥有永生这个选项,是很好的。而在**那些**条件下我们却没有永生这项可选,这也是人的困境的一部分。

对死生大事的探讨延续到第7章,但这一回的话题变成了死于己手。鉴于死是坏事,自杀不是摆脱人的困境的出路。不过,死有时不如活下去那么坏,故而自杀可以纳入对我们困境的可行回应。因此，我们应该否定一种流行观念，即认为自杀（几乎）一律是不理性的。自杀也不像流行观点认为的那样在道德上有错。但即使当自杀合乎理性且在道德上可容许，自杀仍然是悲剧性的，这不仅是由于自杀对他人的影响，也因为自杀包含了生命终结之人的毁灭。

自杀不是对人的困境的唯一回应方式。书末结论一章，我首先面对从乐观态度出发的质疑，辩护我对人的境况的全面（但不彻底）悲观的看法，之后，我考虑对人的困境的其他回应。

悲观与乐观

虽然我对人生大问题的回答大致是悲观的，但应立刻注意到，"乐观"和"悲观"的概念很是含糊，因而难以把捉。

为有助于增进一点清晰性，我们先把乐观者和悲观者会产生分歧的不同领域区分开。其一是事实领域。一个乐观者可能认为某种厄运不会降临到自己头上，一个悲观者则可能认为自己会遭此厄运。二人都认为厄运可怕，但对它会不会降临，二人看法不同。[1] 这个例子本身是未来导向的，涉及未来会发生什么，但乐观者与悲观者的分歧也可能关乎过去或当前的事实。例如，关于有多少人死于历史上的某场灾难，某人相信的数字可能多于或少于实情,又例如,关于目前有多少人在挨饿,某人相信的数字可能多于或少于实情。

乐观者与悲观者会产生分歧的另一个领域是对事实的评价。有可能乐观者和悲观者在事实上达成了一致,却在对事实的评价上有分歧。有个例子虽然举滥了,但很典型:究竟杯子里是满了一半,还是空了一半。[2] 这里的分歧不是针对杯子里有多少饮料,而是针对这事实的好坏。乐观者从剩下多少液体出发,宣称事态很好,悲观者从杯子里本还可以有多少液体出发,为事态感到悲哀。如果这个例子显得琐碎,那么看看下面这个幽默却有分量的例子:"乐观者宣称,我们生活在所有可能的世界当中最好的世界,而悲观者担心这恐怕是真的。"[3]

至少在涉及某些大问题时,相争的看法中哪些算悲观哪些算乐观,并不总是很清楚。原因是,同一个看法,有时既可以说成乐观,也可以说成悲观。例如在第 6 章,我讨论并评价如下看法:永生是坏事,因为那种生活会变得乏味。那么这个看法究竟是对永生给予了负面评价,从而是悲观的;还是它说实际情况——即人生有限——是好的,从而是乐观的?

至少有些论者觉得上述看法是悲观的。[4] 我则感到这样用词很怪,所以我提议按下面这样来使用"乐观"和"悲观"这两个词。任何对事实的看法或评价,只要以正面色彩来描绘人的境况，我都称之为乐观的看法。与之相对，我会把任何以负面色彩描绘人的境况的看法称为悲观的看法——如此一来，说永生会是坏事就算作乐观，因为这种说法暗示了生之有限不如我们一般所想的那么坏；假如我们事实上是永生的，那么认为永生是坏事就是悲观的了。

这种用法隐含着下面几点。首先，某人可以对人的境况的某一点乐观，而对另一点悲观。换句话说，可选范围不限于对人的境况的每一点都乐观或者都悲观。这不妨碍我们描述一种对人的境况总体上悲观或乐观的看法。这样的描述将基于对各单点评估的加总。[5] 我称自己立场为悲观的时候就是这个意思，而不是想说我对人类生命的每一点均持悲观看法。

第二点推论是，乐观和悲观是程度问题，并不非此即彼。如果说人的境况的某个特点是负面的，那么它可以很负面，也可以不很负面。同理，如果说某个特点是正面的，那么它可以很正面，也可以不很正面。

于是很显然，某人对人的境况既可能过于乐观，也可能过于悲观。如果某人把事情所是（曾是，将是）看得比实际所是（曾是，将是）要好，此人就是过于乐观。如果某人的评估比应有的评估要坏，此人就是过于悲观。我将会论证，总体上悲观的看法是更现实的看法，也即更准确的看法。

对人生大问题的悲观回应并不流行,这大概不令人意外。不流行是因为难以接受。人不喜欢听到坏消息,至少不喜欢听到自己的或亲近之人的坏消息。实际上,收到坏消息时,一种普遍而广为人知的回应就是否认。但人类还有其他多种应对机制。例如在巨蟒组的电影《万世魔星》(Monty Python's *The Life of Brian*)的最后一幕里,布莱恩被钉死在十字架时,就(语带讥讽地)这样劝告我们:"要看生活的光明面。"此外,人们会发明合理解释,会让自己分心,还会编造令人振奋的(宗教的或世俗的)叙事,这类叙事要么尽力解释残酷的现实,要么提供对更光明的未来的希望,而希望若不在此世,就在来世。(我会在后续章节表明,来世不必是个宗教观念。对和平美好的未来状态的设想,有些是完全世俗的。)

但重复乐观消息的强烈冲动反倒显出这些消息有点不够安抚人心,在最黯淡的时世尤其如此。重复"好消息"之所以必不可少,仿佛正是因为它与世界的面貌殊不相符。虽然乐观者对生命大问题有自己的回答,但那些回答并不正确,或者说我将为此给出论证。人们相信乐观者的答案,这时就也会相信乐观者,但那是因为人们太想相信乐观者,不是因为他们给出了强有力的论证支持了自己,让我们必须相信他们。

有些人既不相信乐观者的回答,又不能接受残酷的现实,遂陷于迷乱之中。这些人不敢相信事情会像悲观者说的那么坏,但也没有被乐观的舆论导向家说服。

人生大问题之大,在于分量之重。然而与初看上去相反,问题之大不在于无法回答。只在于对这些问题的回答一般而言难以下咽。这里面没什么大奥秘,却实在有很多恐怖。正是因此,我认为,对"人的**境况**"最准确的描述是"人的**困境**"(predicament)。而设想被推入这困境的人能避开其恐怖也是错的。虽然有时能做有限的改善,但这其实相当于人生层面的姑息疗法,它对某些症状有所处理,但不治病根,而且不是没有代价的。[6]

人的困境与动物困境

人的困境与更一般的(有感觉的)动物的困境并非全然不同。这些其他种类的动物也受苦,也会死。对于它们的生命也可以提出意义问题,尽管多数人类(包括关心人生意义甚至关心动物苦难的人)很少为动物生命有没有意义忧虑。[7]

因此,我虽然集中关注人的困境,但这不是说只有我们发现自己处在某种糟糕的情境中。我们的困境的很多特点,在与我们有同一段演化史的其他动物那里也有。实际上,很多物种的困境在很多方面比人类恶劣得多。

试想鸡的生命。绝大多数雄性小鸡在出壳后一两天就由于对产蛋业无用而被宰。其他小鸡活得稍长，但这无非是拖长了受苦的时间。肉鸡被快速催肥，两个月内就到了屠宰年龄。蛋鸡的生命跨度可以用年而不用月来衡量，一般是两年，但绝大多数蛋鸡的生存条件令人发指。它们的生命卑污、粗野、短暂，但绝不孤独。相反，它们被塞得极为拥挤，这导致了心理上的痛苦和身体上的问题。

（人类以外的）很多动物的困境比很多人的困境更恶劣，这不代表人的困境没有特殊之处。虽然某些动物有一定的自我意识，但人类这么高的自我意识水平是独一无二的。这意味着，（认知方面正常的成年）人能以其他动物达不到的程度对自己的困境进行反思。人能怀疑自己生命的意义，能考虑自杀。所以，集中关注人的困境，一个不错的理由是，人的困境具有一些值得审视的独特之处。

这份关注也有一个实用的理由。如果你想要人们思考困境，就必须选取一种人们关心的困境。而如果根据人类消费肉类等动物制品来判断，尤其是根据人类消费来自残忍条件下饲养的动物的制品来判断，那么大多数人类不太在意动物及其困境。[8]例如动物生命是否缺乏意义这个问题，多数人漠不关心；而若问的是人的生命是否缺乏意义，情况就不同了。捍卫一种对（非人类）动物困境的悲观看法，很遗憾，不是多数人类关心的事情。相比之下，对人的困境提出一种悲观看法，则是对大多数人关切之事的质问，从而更能引起人们的注意。

说还是不说？

为一种悲观看法辩护时，有一个明显的两难。如果人的困境就像我将要论证的那么糟，那么还去揭人疮疤，强调困境到底有多坏，不是很残忍吗？如果人们有应对机制，难道我们不该任由人们应对，不把他们坐的毯子抽走，不告诉他们事情有多糟吗？可难道该放任妄想不被质疑吗？求真，不就是要求人说话诚实，别与自己认作虚假的东西一团和气地串通？

一方面，我当然不是想让人们的生活变差。另一方面，也完全有理由认为妄想并非无害。妄想的确有助人应对之效，但也常很危险。一来，由于妄想的诱使，新的一代代人被创造出来，陷入困境，人的困境也因此繁殖。再者，许多应对机制常常紧密结合着不宽容的宗教观念，而那些观念造成大量无缘无故的苦难，受苦的人包括渎神者、同性恋者、无信仰者乃至宗教少数派，他们可能被妖魔化，并遭受残酷虐待。

这不是说所有宗教人士都不宽容、都很危险。与一些攻击型无神论者相反，我不认为宗教看法内在地比世俗看法更危险。宽容、和善、有同情心的宗教人士，我们可以举出很多例子。笃定的无神论者为追逐世俗乌托邦而造成巨量的苦难与死亡，这样的例子也很多，包括某些伟大领袖及其他无神论意识形态的笃信者。

无论是宗教的还是世俗的乐观者，他们造成的伤害并不总是这么极端。这种伤害不一定严重到折磨、杀害那些不接受某种救赎性意识形态的人，有时候仅仅是程度较轻的歧视，以及对悲观者合乎情理的敏感予以冷酷无情的回应。因而放任人们的妄想不是没有代价的。

因此这里有个把握分寸的问题。对于能助人应对的私己的妄想，我没有心怀不平——只要妄想不伤害他人就行。就算伤害他人，试图破除妄想也可能既超出体面的限度，又适得其反。你不能到人家的宗教场所里说人家错了，也不能敲开别人的家门去宣讲"坏消息"。你不能把街上的孕妇拦下，痛斥她们和伴侣创造了新生命，[9]也不能告诉小孩子他们有一天会死，爸爸妈妈不该把他们带到世上。

不过，写一本书没有超出可接受的限度。写书是把论证投送到观念市场，尽管这个观念市场敌视悲观主义，悲观者因而处于弱势。人们的应对机制太强，悲观者很难求得公正的申辩机会。书店里有整片的"自助"书籍区,更不用说"灵性与宗教"和其他鸡汤读物,却没有"无力自助"区和"悲观主义"区,因为这类思想的市场规模微乎其微。

我不是在认真主张我们无力自助。我是认为存在一些事情,我们的确对之无能为力,但即使依据一种现实的悲观看法,我们仍然可以做些事来减轻(或加剧)我们的困境。所以,我半开玩笑地提到无力自助类书籍的时候,指的其实是一种解毒剂,它能解一种被大量兜售、购买、消费的心理蛇毒。

一本悲观的书最有可能慰藉到的对象,是已经有同样看法却因此感到孤独或觉得自己有病的人。若能发觉有人跟自己看法相同,而且这些看法有不错的论证来支撑,这些人或许能因此得到安慰。[10]

这不是说鳞片没有从任何人的眼睛上掉下来。*笔者希望,至少有一些此前不持有本书立场的读者,会慢慢看出支持该立场的论证的力量。承认人的困境,这永远不会很容易。不过,如我在末章所述,应对现实而不否认现实的办法是存在的。

---

* 本句意思是,这不是说没有任何人因本书作者的论证而解除蒙蔽。出自《新约·使徒行传》(和合本)9:18:"扫罗的眼睛上,好像有鳞立刻掉下来,他就能看见,于是起来受了洗。"——译注

第 2 章

意 义

生命要被赋予一个意义,因为很显然,生命没有意义。

——亨利·米勒,《心之智慧》

(London: Editions Poetry London, 1947, 11)

引言

人们害怕生命没有意义，或至少琢磨生命有没有意义，这并不罕见。或许，这种思虑在有些人那里很少出现，只是一闪而过。在另一些人那里，这种思虑较常出现，也较持久。有些人更是深陷于存在性焦虑（existential anxiety）乃至绝望。

无论这种思虑的强弱、久暂如何，它所关心的总是人生的渺无意味或徒然无谓。这种思虑通常来源于对自己在时间和空间上的极端有限性的感受。我们是些倏忽即逝的生灵，活动在一颗小小的行星上，这颗行星属于宇宙（也可能是多重宇宙）中数以千亿计的星系之一，而这个宇宙全不在乎我们这些渺无意味的微尘。[1] 它不在乎我们的幸与不幸，不在乎我们遭遇的不义，也不在乎我们盼望什么、害怕什么、珍视什么、关心什么。自然之力、宇宙之力是盲目的。

一个人的存在本身是极端偶然之事。一个特定的人——他自己——来到世上的几率微乎其微。一个人来到世上，依赖于一系列偶然之事，包括他/她所有祖代的存在。而即使下至一个人的曾祖父母、祖父母、父母等所有祖代都存在了，这个人本身存在的几率仍然很小。如若这人的父母没有相遇，或相遇了但没有生育，或生育了但生育的时间有一点点不同，这人都不会存在。在最后一种情况下，会有另一个精子与当月的卵子结合，产生另一个人。[2]

一方面，一个人来到世上的可能性极小，另一方面人生又终将停止，再没有这比更为确定的事。我们有时可以延缓一阵死亡，但从没有全然免死一说。一切（多细胞）有机体，有**出世**就有**离世**。我们的这种命运，从一开始就注定了。

不但如此，还可以认为，我们对各种所好之事的那份认真也带有某种荒诞。我们很认真地看待自己，但若退后一步看，我们就会感到不解，不明白这一切是为了什么。退后一步，未必要一直退到宇宙视角。不用离那么远，也能看出我们没完没了的劳神费力有某种徒劳的意味，和蹬着转笼的仓鼠没有太大不同。我们生命的一大部分填满了循环往复的凡俗活动，活动的目的就是让整个循环持续下去：上班、购物、做饭、吃饭、如厕、睡觉、洗衣、洗碗、还款，还要与不断膨胀的官僚部门打各种交道。

即使这些凡俗活动可以看作是为达成其他目标而服务，那些目标的达成也只是引出更进一步的目标供人追逐。就连人生的那些更宽广的目标，也有很大的质疑余地。这个（个人的）循环到死为止，但在跑步机上奔跑一般的枯燥生活代代相传，毕竟人往往会生育，造就下一代奔跑者。已经持续了多少代的事情还会持续下去，直到人类也走向一切物种的归宿——灭绝。就像一段冗长、重复、没有目的地的旅途。

就此而言，我们仿佛希腊神话里的西绪福斯，被诸神处以徒劳之苦。对他的惩罚是，先把一块大石头推上山顶，看着它滚落回来，然后须得再次把石头推上山顶，如此无尽循环。很多人认为西绪福斯比我们惨，因为西绪福斯的徒劳是那么单调又永无止境，而我们忙活的事情至少比较多样，也会终止于个体的去世或集体的灭绝。尽管如此，我们的生活显得没有目的，这对有些人来说意味着我们的劳神费力和西绪福斯类似。

这样的想法可能由多种方式引起。一个人若是想到自己会死，或许因某种重症乃至绝症的诊断而愈发想到会死，那么这种念头往往就聚在人心中。但他人的死，如亲戚、朋友、熟人去世，有时还包括陌生人的死，也能让人顿生思虑。这类死亡不必是近期发生的。比如，去一座老墓园走走也行。墓碑上刻着逝者的情况：出生和死亡的日期，[3] 也许还提及悼念此人的配偶、兄弟姊妹或子女和孙辈。而这些悼念者本人也死去已久。想想这些家庭的生活——那些信念与价值，挚爱与痛失，希望与恐惧，奋斗与失败——我们会猛然意识到，那一切都没有留下来。[4] 一切都化为乌有。

然后,思绪转回当下,我们意识到不久以后,现在存活的一切——包括自己——也将走去与长眠地下者相同的归宿。有一天,有个人会站在我们自己的墓前,好奇墓碑上的名字代表的人,也许会想到,这个人——你或我——曾经在乎的一切都化为了乌有。但远比这更有可能的是,在认识我们的人也都死去以后,连愿意**像这样**稍微想想的人都没有了。

不去琢磨这一切为了什么,是很难的。但有些人认为,这套悲观主义没有依据。我个人认为,有关生命意义的一种深层悲观主义是完全恰当的,但这不应该混同于对生命中一切意义的彻底虚无主义。更确切地说,如我在第3章所述,我们应该对生命之中一种重要的意义持虚无主义,但如我在本章下文所述,另有几种意义可以不同频次、不同程度地获得。

对问题的理解

很多人觉得,生命意义问题在一切哲学问题中属于最困难的一批。生命的意义常被看作无可索解到了极点。单说**这种**悲观主义,它既不恰当,又走错了方向。"生命是否有意义"或"生命能否有意义"这类问题十分含糊,人尽皆知。实际上,回应这种问题时造成的很多麻烦都是由于未能达到应有的清晰性。一旦知道了我们在问什么,答案的大体轮廓就会相当明了——至少是在我们愿意对自己诚实的前提下。[5]这种诚实很稀有,因为它要求直面一些不讨人喜欢的真相。

有些人的想法是,生命是否或能否有意义的问题是说不清楚的,因为这些问题本身没有意义。换言之,这类问题犯了所谓的范畴错误(category mistake)。[6]依这种看法,生命不是一种可以有意义的东西。词语、符号可以有意义,但它们所表示的东西无法有意义。故而"生命"一词可以有意义,"生命"一词所表示的东西无法有意义。就像询问灯罩的意义,即询问灯罩这种东西而不是"灯罩"这个词的意义没有意义一样,询问生命的意义也没有意义。

假如接受这个看法,我们就被堵住了嘴,问不出这个在某些人(包括我)看来有个不讨喜的回答的问题了。但是,认为生命意义问题有范畴错误的看法,本身是错误的。这种看法的毛病不是它过于死抠生命意义问题的字面,而是它把问题可能具有的字面意思理解得太窄了。在"意义"一词的字面意思里,有"意味"(significance)、"重要性"(importance)和"目的"(purpose)这几项。[7]人们琢磨生命是否(或能否)有意义的时候,问的是我们的生命是否富有意味,是否重要,或者是否服务于某种目的。这样的问题完全合情合理,没有什么糊涂之处。

虽然提出生命意义问题是说得通的,但我们应已看出,这些问题不只有一种解读。意味、重要性和目的,这些意思虽然联系密切,但毕竟不完全是同一个意思。比如说,不是所有目的都(同等地)富有意味或(同等)重要。所以,生命是否富有意味、生命是否重要以及生命是否有某种目的这种种问法是有区别的。而且,如果你有兴趣探究生命有无目的,事情还可能牵扯到在什么意义上谈论目的,即究竟谈的是"你被带到世上是出于什么目的",还是"你的生命服务于什么目的(无论你被带到世上是不是为了这个目的)"。

总体而言,我不会论及这些区分,毕竟它们不如其他区分重要。因为,即使服务于某个目的的生命、富有意味的生命和具有重要性的生命并不是一回事,真正的问题在于生命能否有这些要素的集合,或者至少有其中的部分要素。

所以,我不准备具体刻画生命之为有意义的充分必要条件。虽然这项任务让不少写这个话题的分析哲学家花费笔墨,但这力气用错了地方。因为,我们很明白我们平常对生命之中的意义生发的忧虑是什么。关键之点不是一组把生命判作有意义的毫不含糊、毫无例外的充要条件,相反,问题在于我们的生命究竟是有意味、有所谓的,还是无谓、无意味的。换句话说,就像一些作者表示的那样，意义这种东西，关乎"超越限度"（transcending limits）。有意义的生活是超越个人自身限度的生活，要对他人有重大影响，或服务于个人自身以外的目的。

一个生命能"有其所谓""富有意味"或"超越限度"的方式之一，是留下重要的印记。人留下印记有无数种方式，但其中许多印记是道德污点。实际上，在对人类历史影响最大的人物中，有大量的恶人。这些恶人，如阿道夫·希特勒、波尔布特，其印记常是杀戮与破坏。大凡能施加影响、开创霸业、主导社会者，多是残暴的征服者、专制者、屠杀者、奸淫者、掠夺者。其中有些人还留下数量奇高的后代，从而以又一种方式超越了自身的限度，给未来留下了印记。例如，在曾经构成了成吉思汗巨大帝国的各个地区（从太平洋到里海），如今生活的男性当中，有8%的人身上能发现成吉思汗本人的基因。[8]

恶人能如此影响人类历史，这必定会使得视意义为生命之正面要素的人感到不安。对此，一种回应是承认恶人的生命**可以**有意义，但又说我们应该只寻求正面的意义。另一个选项则是说，只有当生命的目的或超越限度的方式是**正面、高尚、有价值的**，生命才有意义。[9]

有种观点认为，生命若无意义，则亦无价值。这是错误的观点，尽管很容易看出这种观点是如何产生的。如果有意义的生命就是以有价值的方式超越限度,那么未能以有价值的方式超越限度的生命就可能被视为没有价值。但是,单单从某人未曾以有价值的方式超越限度,不能得出其生命本身没有价值,也不能得出生命对其拥有者本人没有价值。换句话说,让一个人的生命有内在价值,不必非要超越限度。正因为无意义的生命能够有这样的价值,杀一个未能留下印记或没有某种(重要)目的之人可能是错的。

还有些人认为意义与生命质量有某种联系。这样想是否正确,一部分取决于生命质量是指什么。如果生命质量指的就是有意义,那么有意义的确像是良好一生的一部分。[10] 其他条件相同时,有意义的一生比无意义的一生更好。不过,某人无意义的一生也许在其他方面足够好,于是其质量终究不是非常差。此外,如果所谓的生命质量是指感受到的质量,那么客观上缺乏意义的一生就完全可能有很好的主观质量,原因可能是生命主体不在乎意义,也可能是他[11]误以为自己的生命有意义。相比之下,如果人觉得自己的一生没有意义,这一般都会对生命质量产生很深的负面影响。

对于生命中的意义的问题,有些人(不是所有人)将其理解为生命是否**荒诞**。这个问题上的不同看法似乎没有实质的分歧,分歧只在于对相关词语的不同理解。我们可以这样规定"荒诞"

一词：无意义的生命就是荒诞的生命。但同样可以做另一种规定：生命可以无意义但并不荒诞，或者荒诞但并非无意义。

例如，哲学家托马斯·内格尔认为，世间仅有的那些能够具有荒诞性的生命，属于这样的存在者：他们不光能从内部，还能从外部审视自己的生命。他说，荒诞产生于"两方面的冲突，一方面是我们看待自己生命的认真态度；另一方面是一种永远存在的可能性：我们总有可能把我们认真看待之事视为任意的或者可质疑的"。[12] 他说，一只老鼠的生命无法荒诞，因为老鼠无法从外部角度来审视自己的生命。[13]

对荒诞的这种看法阻止了我们区分开这两者：(a) 某人生命的荒诞；(b) 某人意识到自己生命的荒诞。前者被化约为了后者。而这应该是错的，特别是这有悖于对荒诞颇为常见且合理的看法，按这种看法，不自知的人当然可以是荒诞的。例如，想想那些无脑官僚如何一心维持某种无谓的官僚体制运转。我们可能觉得，正因为他们丝毫不明白自己的活动何其无谓，这一情景才尤显荒诞。从这类理由出发，我会容许一种可能性：某个生命可以是荒诞或无意义的——这两个词我会不加区分地换用——而无须该生命的拥有者意识到其荒诞。

询问生命是否（或能否）有意义时，我们需要澄清的首要问题，是我们所考虑的意义的种类。意义有不同种类，分别对应询问生命有无意义的不同角度（见图2.1）。

依此，我们询问生命有无意义时，可以取最广阔的角度，有时称"宇宙角度"，换言之，我们问的是永恒观点下（sub specie aeternitatis）的意义。或者，我们也有可能从远为有限的、世间的[14]角度来询问生命有无意义。实际上这种更为有限的角度有很多，比起宇宙角度，它们都大为有限，其中某些角度甚至比其他角度更为有限。在这条光谱上，有几个点很是关键且具代表性，值得注意。

这些角度中，最不有限的是全人类角度。[15] 从这个角度看

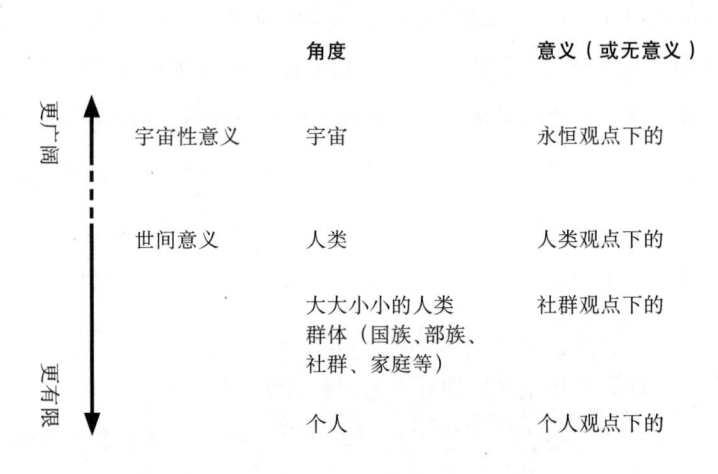

	角度	意义（或无意义）
宇宙性意义	宇宙	永恒观点下的
世间意义	人类	人类观点下的
	大大小小的人类群体（国族、部族、社群、家庭等）	社群观点下的
	个人	个人观点下的

（更广阔 ↑ 更有限 ↓）

图2.1 可据以判断生命有无意义的角度

有意义,即是具有人类观点下的(sub specie humanitatis)意义。但**全人类角度**(the perspective of *humanity*)不是唯一的**人的**角度(*human* perspective)。这是因为,人类由很多很多小的群体组成,包括国族(nations)、部族(tribes)、社群(communities)、家庭等。国族一般大于部族,部族大于社群,社群又大于家庭。不是所有群体都有特定的地理方位。有些人群是国际性的,例如全球集邮者协会或全球哲学家协会。为简洁起见,我们不妨把所有这样的群体归为一类,把它们统统视为有各种大小、各种分布方式的社群,这样就把所有从这类角度看有意义的生命称为具有社群观点下的(sub specie communitatis)意义。[16] 人的角度当中,最有限的是个人角度。[17] 从这个角度看到的意义,我称之为个人观点下的(sub specie hominis)意义。[18]

就特定生命而言,它可能从某些角度看有意义,从另一些角度看没有意义。如果不能认识并区分不同种类的意义,我们就可能认为某种意义的有无能代表其他种类意义的有无。在讨论我们询问意义的这些不同角度之前,尚有几点要预先讲明。

首先,我们须避免在过于字面的意义上理解"角度"。例如,宇宙并不在字面上有个角度。[19] 人类整体也并不像你我那样有个角度。实际上,并非每个人都必然有个角度。一个婴儿,或一个晚期痴呆患者,也许并没有什么字面意义上的角度,至少按照对"角度"的某些解读是这样。所以,我们在说宇宙、人类、社群或个人的角度时,是在用一种比喻义说话。真正的问题是生命在相应层面上有没有某种目的、影响或意味。

第二,意义可以是个程度问题。如此,则生命若(在某个角度)有某种(some)意义,就是它具有或多或少(那个角度)的那种意义。换言之,虽然通常与"无意义"相对照的是"有意义"(meaningful),但后者不应过于字面地理解成**充满**意义(*full of meaning*)。相反,这个词应该像通常那样,理解成具有**一定的**(some)意义,意义的量则可多可少。

第三,我们在询问生命是否(或能否)有意义时,"生命"一词的辖域可能不尽相同。我们有可能就某个人的生命发问,也可能就一般而言的人类生命发问,还可能就**一切**生命(又或许仅仅是一切有感觉的生命)发问。这些问题并不是在所有层面都有相同的吸引力(甚至也没有相同的适用性)。例如,有关一切人类生命(或一切生命)的意义的问题,往往在宇宙角度最为尖锐地出现。人们对一般而言的人类生命和每人各自生命的意义产生焦虑,常是从宇宙角度出发。从特定个人或社群的角度担忧一切人类生命是否有意义,这就远不那么常见。[20]

我们究竟是对个人生命还是对一切(人类)生命询问其意义,还会造成另一个不同。在有些时候,对这两个问题的回答同是同非。比如从宇宙角度看或许就是这样：要么所有人的生命都没有意义，要么所有人的生命都有意义。从宇宙角度难以（但也不是不可能）看出，何以某些人的生命有意义而其他人的没有。换句话说，很难认为某个生命具有宇宙性目的而另一个生命没有。但如果所问的是从其他角度看到的意义，回答也许就会因问题所涉之人有别。从较为有限的角度看，有些人的生命可能无意义，其他人的生命则（在某种程度上）有意义。

第四，区分开以下两者是有益的：(a) 感知到的意义，我们可以称之为"主观意义"；与 (b) 实际的意义，可以称之为"客观意义"。如果生命令本人**感到**有意义，生命就是主观上有意义，而如果生命满足了某种本人可能认识到也可能未认识到的有意义的条件，生命就是客观上有意义。隐含在这个区分中的是这样一点：客观意义是真正的意义，主观意义则仅仅是意义的表象。因此，接受这一区分，可以说是一种意义客观论。

不是所有人都认可这个区分。有些人或明言或暗含地认为，实际的意义完全在于感受到自己的生活有意义。我把这种看法称为"主观论"，[21] 它把实际的意义归结为感知到的意义。这会导向一些古怪的结果。理查德·泰勒设想了西绪福斯故事的一个改编版，其中的诸神"大发慈悲，给西绪福斯植入了一种奇怪而非理性的……滚石头的欲望"。[22] 如果我们认可意义主观论，就不得不认为，在这种情况下，单纯因为西绪福斯会感到自己滚石头的一生特别有意义，他的生命就有了意义。而我们很多人会认为，那样的一生虽很满足，却无意义。同样，如果认为热衷追肥皂剧或者数头发，或者——如果需要再古怪些的例子——热衷收集用过的避孕套或卫生棉条的一生会有意义，似乎也很古怪，即使过这样一生的本人感到它有意义。

对感知到的意义与实际意义之别予以认可的人，也就是拥护我所说的意义"客观论"的人，就可以避免这类难题，因为他们承认，生命即使在本人感到有意义的情况下仍可能无意义。不过，这些人也必须承认，客观上有意义的生命可能被错误地感知为无意义。或许弗朗茨·卡夫卡就是一例，他似乎很看不上自己的作品，生前发表极少，还嘱咐朋友马克斯·布罗德在自己死后把未发表的作品烧掉。倘若布罗德博士没有违背这条嘱咐，卡夫卡就会几乎无人知晓，很多作品也会永远湮灭。依此，在卡夫卡博士看来可能显得无意义的一生，客观上是有意义的。由此可见，客观上有意义的生命也可能很失意。

这种情况把一些人引向某种混合了主观论与客观论的看法。例如苏珊·沃尔夫提出："意义产生于主观受吸引（subjective attraction）与客观吸引力（objective attractiveness）会合之时。"[23]按这种观点，没有主观受吸引就没有意义。

但对我所谓的失意而有意义的人生这一难题,看不出混合观点能做什么恰切回应。我们反而可以坚持区分(a)令本人感到有意义的一生,与(b)实际上有意义的一生。如果某人做了很大贡献,内心却充满无意义感,我们可以惋惜他这种满足感的缺失,却同时不必像混合论那样否认他的生命确有意义。我们可以肯定,最佳情况是所过的一生既**有**意义,自己也**感到**有意义,但我们无须意指有意义感的主观体验对生命有意义是**必要的**。

原则上,意义主观论与意义客观论的区别,跨越了能据以判断生命有无意义的各个角度:个人的、社群的、人类的、宇宙的。这是说,这些不同角度的意义都既可以是主观的,也可以是客观的。例如,某人能感到自己的生命从宇宙角度看有意义或无意义,某人的生命从宇宙角度看也能实际上有意义或无意义。

我不否认意义感知具有影响生命的重要性,在此前提下,我主要(但非唯一)的兴趣仍是客观意义。[24] 即是说,我主要关心的是,从我提到的四个角度来看,生命是否实际上有意义。在这四种意义当中,哪一种(如果存在的话)我们能够获得,哪一种(如果存在的话)无法获得?我有些坏消息,也有些**有几分好**的好消息。我将把坏消息推迟到第3章,先在本章余下的篇幅里分享好消息。

（有几分好的）好消息

尽管我会论及例外，但一般而言，角度越有限，有意义的一生就越可得。所以，我首先论述最有限角度的意义。

● 个人观点下的意义

我们可以从某一个人的角度询问生命是否或能否有意义。对问题的一种理解是，某人的生命从某个**他人**生命的角度看是否有意义。那么至少以某种措辞来表述，问题就在于：该人是否对某个他人有足够积极的影响，使得自己的生命从那人的角度来看有意义。也许某些隐士和其他极端孤立的个体无法这样留下印记，但是绝大多数人都至少会对另外某个人有这样的影响。

对问题的第二种理解是，某个人的生命从其本人的角度看有无意义。按照对此问题的一种客观论解读，某人的生命如果达成了由其本人设定的富有意味的目的、目标时，它就有意义。这种意义也许不像第一种个人观点下的意义那样普遍，但仍在很多人的能力范围之内，这样的人能完成自己设定的一些目标，例如在健康、技能、熟练程度、知识或理解上达到某个水平。

因此，无论按哪种解读，个人观点下的意义至少对很多人来讲是可以获得的。这不是说意义完全在人的掌控之中。也许有些人就是无法让自己的生命有意义。这可能是由于各方面状况一并与他们作对。或许他们所做的尝试全部失败了。因此，这里并不想说个人观点下的意义处在每个人的能力范围内，想说的只是：有许多人，至少在相当长的时段中，能获得也确实获得了这个角度的意义。

- 社群观点下的意义

从一群人的角度看，有意义的一生也是可以获得的。就家庭这一最小、最亲密的群体而言，意义很是常有。许多人过着从这个角度来看有意义的一生。他们得到家人的爱和珍视，也反过来在家人的生命中扮演重要且有意义的角色。他们予人以爱恋、支持、陪伴和深厚的人际联结。

遗憾的是，并非人人都是如此。有些人与家人的关系是缺失、薄弱甚至敌对的，因此他们无法从家庭角度获得人生的意义。不过，对于此外的很多人，仍能明显看出自己的生命对子女、父母、兄弟、姊妹、祖辈、叔辈、表亲、侄亲等等具有意义。他们的生命在家族中服务于重要而有价值的目的。

虽然从更大的人类社群角度看，意义更难获得，仍有很多人的生命从这一角度来看具有意义。有很多人，身为体贴的医生护士、全心全意的教师、予人启迪的宗教领袖、受人欢迎的电台明星、无私奉献的慈善义工等等，在当地的社群留下印记，以此寻求并得到意义。

从更为庞大的人类社群的角度，例如国族群体的角度，意义更难获得。在此留下重大的印记，是大得多的成就。有人成功，也有人失败。（当然，有些没留下更广阔印记的人，是不寻求、不想要这样的意义。）

留下印记不等于得到承认。想想那些特工人员或不事张扬的人道援助工作者，他们做了重大的贡献，又没有在他们贡献的那个广泛的层面得到承认。同样也有些人，所得的承认远远广于以其贡献来讲合理的程度。如今，多得是浅薄的名人，完全是因出名而出名。这些人在很多人的意识当中留下了印记，但留下的是彻底无价值的印记。

谈论社群角度的意义，更不用说谈论全人类角度的意义，也许会被理解为言下之意是说，针对（非人类）动物福祉[25]的一类活动无法使人生具有意义。这样理解就错了。从比较浅的层面说，这是因为致力于动物福祉的人能对人类社群和整个人类留下间接但有价值的印记。例如兽医悉心照料动物，这对以动物为伴侣的人有积极的影响。动物权利保护人士则可以减轻或消除一个社群乃至整个人类在对待动物方面的道德缺失。

而更重要的一点是，除了已经提到的几种意义，还可以有动物个体角度或动物群体角度的意义。虽然我之前没有把这些排列组合放到我的（简单化的）分类体系里，但上文对人的各个角度的意义提出的说法，经过必要的变换，也适用于动物的各种角度的意义。[26]

● **人类观点下的意义**

较少的人过着从全人类的角度来看有意义的一生。这是因为，从全人类的角度判断，留下重大印记或服务于重要目的的人比较少。大多数人的贡献都在比较局限的层面。对全世界施加影响的人，包括佛陀、威廉·莎士比亚、弗洛伦斯·南丁格尔、阿尔伯特·爱因斯坦、艾伦·图灵、乔纳斯·索尔克、纳尔逊·曼德拉等等。至少这些人的生命可以作为人类观点下有意义的典范。

也有很多人，虽然产生过重要、积极、具有世界意义的影响，却没有得到充分的关注，甚至完全未获关注。既然如此，自然难以明确列举这样的人，不过大概可以包括对上述那类人的贡献有促成之功的人，如抚养、培养或者教导过他们的人。但是，这类人也可以包括凭自己努力做出了某种未获承认的贡献的人。或许他们像艾伦·图灵那样对缩短一场战争有功，但不同于图灵的是，他们的贡献未获注意。或许他们像乔纳斯·索尔克那样，在科学上取得了重大突破，但不同于索尔克的是，他们的想法被别人窃取，结果窃取者错误地得到了承认。对很多像这样未被给予应有承认的人，也许我们会感到不满和遗憾，但他们有人类观点下的积极影响，这一点是不变的。

有很多人努力追求人类观点下的意义，却未能或至少未能在预期的程度上获得这种意义。但也明显有一些人做到了，他们留下的那种世界性印记为他们的生命赋予这个角度的意义。

也许有人认为，我在思考这个角度的意义时，或许还包括在思考较广层次的社群观点下的意义时，过于看重这些层面上的"影响""留下印记""达成目标"或"服务于某种目的"。这样的反驳若想有点道理，就需要说明，意义若不在于产生影响、留下印记、达成目标或者服务于某个目的，还在于什么。而且，我们就人类观点下的意义所说的东西，应与我们就诸如家庭角度的意义所说的东西一致。如果你的生命从你家庭的角度来看有意义是因为你对你的家庭意味着什么，那么你的生命若从全人类角度看有意义，必定也是因为你对全人类而言意味着什么，你为人类造就了多大的不同。

当然，谁都不应该认为自己必不可少。谁都没有**这么**大的人类观点下的意义。但是，的确有人造就了巨大的不同。例如，亚历山大·弗莱明就因为发现史上第一种抗生素——青霉素，而对人类做了很大贡献。没有他，抗生素或许也会被发现，但那之前大概很多人甚至数百万人都已因感染而受苦、死去。就算认为他不发现青霉素也会有别人发现，可事实仍然是，**他**发现了青霉素。**他**造就了不同。这为他的工作从而也为他的生命赋予了人类观点下的意义。

还有人尝试从另一个思路来拓宽人类观点下的意义的涵盖范围：也许某人的生命只要从某种人的角度来看有意义，它就有人类观点下的意义。按这样看，如果你的生命从你的家庭或社群的角度来看有意义，那么它从全人类角度看就有价值。也许会有人说，这是因为你的家庭和社群是人类的**一部分**，故而一切家庭性、社群性的意义同时也是全人类角度的意义。但这个思路不过是把判断生命有无意义的不同角度混在了一起。你对你的父母意味着什么，这也许值得在一部家族史里提到，但不代表它也值得在一部人类编年史里提到。[27] 这表明，你对你父母而言富有意味这一点，虽然也许能给你的生命赋予家庭角度的意义，但无法赋予全人类角度的意义。

也许会有人这么反驳我：一个人的生命只要从某种人的角度看有意义，就具有**一定**的人类观点下的意义，即使这个角度下的意义小到无法察觉，毕竟这个角度实在广阔太多。这种反驳注定行不通，因为它没有理解：生命的影响会呈现出"各种角度"，这一比喻所表达了怎样的差异。一个人的生命可能只影响一个人，也可能（同时）对一整个社群甚至全人类有相似强度的影响。如果你认为一个人的生命只显著影响一个人或一个社群就算对人类起作用，那你就没有区分开居里夫人的那种影响与小镇上一位成功镇长的影响。

这不应该让我们轻视、低估家庭角度和社群角度的意义。这些都是有价值的意义形式，但从这些角度看有意义，不应该混同于从更广阔的全人类角度看有意义，而获得后者的人相对很少。

结语

因此，有几分好的好消息是，我们的生命可以有意义——从某些角度看来如此。这之所以仅仅是有**几分**好的好消息，其缘故之一是，即使从较为有限的角度看，仍有一些人的生命要么无意义，要么自感无意义。而且，角度越广，拥有意义的希望一般来讲也越渺茫。希望趋于渺茫，并不意味着从较为有限的角度看无意义的生命**绝不**会有较广角度的意义。例如，有这样一些人，他们在世上没有家人，或者可能由于被有意回避而未能对家庭和社群产生意义，但他们却在更广阔的层面造成了影响。

到此为止的消息仅仅是有几分好的好消息，其缘故之二是：

就连其生命从较为广阔的世间角度看有意义的人，也很少满意自己生命所拥有的意义的量。不但人们想要的意义一般多于能获得的意义，而且人能获得的最多的意义都不可避免地甚为有限。这些坏消息就是我下一章要讨论的。

第 3 章

无意义

熄灭了吧，熄灭了吧，短促的烛光！
人生不过是一个行走的影子，
一个在舞台上指手划脚的拙劣伶人，
登场片刻，就在无声无息中悄然退下；
它是一个愚人所讲的故事，充满着喧哗和骚动，
却找不到一点意义。

——威廉·莎士比亚，
《麦克白》第五幕第五场

坏消息

我们能为人生希求的那种最广阔的意义可以称为"宇宙性意义"。这是宇宙角度的意义,有时也称为永恒观点下的意义。我在前一章已经提到,从字面上说,宇宙本身并没有一个角度。宇宙不是一个具有体验的主体。[1] 它没有视点。但在这里,我不是想建议从字面上理解"宇宙角度"(perspective of the universe)。对这个短语应有的理解,一如对"上帝视角"(a God's eye view)这一短语的理解,都无须太遵循字面。无神论者也可以谈论上帝视角,这并不隐含上帝的存在。无神论者所谈的是上帝倘若存在则会占取的角度。宇宙角度是对宇宙的总览,即使实际上没有人这样总览。

我在第 2 章开头曾阐明,担忧生命无意义的很多人,考虑的(通常)是宇宙角度的意义。这些人注意到了宇宙角度下的我们是多么渺无意味。虽然我们所有人合在一起能对地球有一些作用,但我们对更广大的宇宙没有显著的影响。[2] 我们无论在地球上做什么,效应都超不出地球。生命的演化,包括人类生命的演化，都是盲目力量所致，并不服务于显见的目的。我们当下存在，却不会长久存在。我们个人是这样，而相对于漫长的行星时间，我们这个物种乃至一切生命也是这样，更不用说相对于宇宙时间了。

因而，地球生命没有超出我们星球的意味、重要性或目的。从宇宙角度看，地球生命是无意义的。由于一切生命都是这样，所以一切有感觉的生命、全部人类的生命、每一个人的生命都是这样。我们这个物种也罢，物种里的每个成员也罢，在宇宙观点下看都无关紧要。无论我们的生命可能有哪些其他种类的意义，**这种**宇宙性意义的缺失都令许多人不安。

但是，人的本性往往憎恶意义真空，这可谓是"空白恐惧"（*horror vacui*）。有一些强大的心理冲动促使着大多数（但非所有）人要么否认真空，要么否认真空的重要性，以此做出应对。

有神论的招数

可以说，在这些应对机制里，最古老也最普遍的就是有神论及相关学说。很多有神论者相信，我们的生命即使**看上去**在宇宙角度上没有意义，实际上也不是这样。他们说，这是因为我们不是无目的演化的偶然产物，而是一位上帝的造物，而这位上帝为我们的生命赋予意义。按这个看法，我们所服务的不单单是个宇宙性目的，还是一项神圣目的。

这个想法给人慰藉，甚有诱惑力。单单由于这一点，我们就应该起疑，毕竟人是多么容易相信自己愿意相信的东西。

很多人都提出反驳说，有神论无法像上面所说的那样赋予意义。例如，有人提出，服务于上帝的目的并不足够，因为这样一来，人就成了"高等行动主体（agent）手中的木偶"[3]或者不过成了上帝各种目标的手段。[4] 一个相关的反驳指出，并不是随便什么神圣目的都能把我们寻求的意义给予我们。假如我们被创造出来是"为了给其他生物提供反面教材（'别学他们那样'），或者为了给真正重要的星系间旅客提供食物"，[5] 那我们的生命就没有我们寻求的那种宇宙性意义了。

有神论者大可以回应说，一位全善全知全能且爱我们世人的上帝，只会给我们定下正面的、令我们高贵的目的。他造出我们，不会仅仅用来给其他生物提供反面教材，或给星系间旅客提供食物。由是之故，有神论者可以说，为这样一个上帝给我们设定的目的充当手段，没什么不妥；为一个至高存在者的仁善目的充当手段，总好过自身并不是富有宇宙性意味的终极目标，也不拥有任何（宇宙性）目的。[6]

这种回应的问题在于，它虽然给生命的宇宙性意义提供了某种保证，可方式却是对意义做一种徒具姿态的阐述。这种阐述就像上帝做事的方式一样神秘。它告诉我们说，服务于一位仁善之神的目的能为我们的生命提供（宇宙性）意义，可我们得知这一点，并不等于得知那些目的是什么。"服务于上帝的目的"是个占位符，仍须填入具体内容。

可一旦填入了具体内容，结果就不令人满意了。举例来讲，如果有人告诉我们说，我们的目的是爱上帝、侍奉上帝，我们就可以合乎情理地质问，为什么像上帝这么伟大的存在者竟然还被说成是可能会希求或需要人类的爱与侍奉，遑论需要得如此迫切，竟至于造出人类来服务于那项目的。如果爱上帝、侍奉上帝是我们的目的，那么，把我们创造出来这项行为，听上去就像出自一个极度自恋之人，而非出自至仁至善的存在者。如此说来，上述的这个目的就无法令人信服了。

另一种思路是告诉我们，神赋予我们的目的，即上帝创造我们的目的，是帮助我们的同伴。虽然这类目的是宇宙的创造者赋予的，就此而言可以是宇宙性的，但具体来看，宇宙创造者所赋予的这个目的本身却明显是局域性的。而且，它也解释不了为什么我们的任何一个同伴（无论人类还是动物）会被创造出来。如果你被创造出来是为了帮助你的同伴，你的同伴被创造出来又是为了帮助你，那我们还是不知道为什么你们二者之中的任何一个（乃至推广到一切存在者中的任何一个）会被创造出来。这个目的有循环之嫌。[7]

还可能有人提出，我们在此世的目的是为来生做准备。这并没有说明来生的目的。如果来生是永恒至福，我们或许会认为不需要更进一步的目的了。可是如果我们相信教义，那么对很多人而言，来生不是一份"最终的好"，而是一份"最终的坏"，不会是人们渴求的那种意义。就算把情况设想到最好，也很难明白为什么上帝造出一个生物是为了让它为来生做准备，毕竟这个生物要是本来没被造出来，就不会有什么对来生的需求和欲望。这很像说父母是为让孩子过上惬意的退休生活才生下他。一个人已经存在了，那么为惬意的退休生活努力是值得的；但说创造新人为的是让他们将来过上这般退休生活，实在不是什么理由。来生能提供的那类意义，解释不了上帝为什么终究把我们创造了出来。[8]

上述这一切表明，要具体指出一种神授的意义，它能以肯定人类而非贬损人类的态度，令人信服而不循环地说明人生的宇宙性意义，并不容易。然而，就算有可能说明上帝**能**怎样为我们的生命赋予可欲的宇宙性意义，仍然有一个根本的问题：我们的生命实际上有这样的意义吗？上帝**能**赋予这样的意义不代表上帝存在，也不代表上帝确实把很多人渴求的宇宙性意义赋

无意义　47

予了我们的人生。

关于上帝存在与否的争论永无尽头,我不奢望在此解决争论。不过在我看来,争论的持续之所以不令人惊奇,完全在于人类普遍有一种深切的需要,即需要应对人的困境的各种严酷现实,包括但不限于:在一些重要的方面,我们的生命没有意义。厄普顿·辛克莱(Upton Sinclair)有句名言:"谁若是靠着不明白某事才能拿薪水,那么让他明白这事就很难。"[9]同理,谁若是靠着不明白某事人生才能有意义,那么让他明白这事就很难。

有些人会质问,我是怎么知道我们的生命缺少宇宙性意义的。[10]这些人可能会认为,我其实应该说"也许有……(这样的)意义,但我个人想象不出它能是什么。"[11]姑且假定这个反驳有可取之处,那么人的困境的显著特征之一就是,即使人类生命确有宇宙性意义,人类也无法知道这个意义是什么。人活着,不得不担心自己的生命没有宇宙性意义,这对渴望能确信自己的生命有宇宙性意义的生灵来讲,诚然是不幸的处境。

这够糟糕的了。但实情其实更糟,因为上述反驳走错了方向。显然,没有人能**肯定**生命没有宇宙性意义,但自称知道某事并不等于自称绝不会错。我不能肯定如下说法不实:"7500万年前,有一位专制者兹努(Xenu)统治着76颗行星组成的星际联盟。兹努命令军官抓捕、冰冻了联盟中大大小小形形色色的很多生物：它们数十亿数十亿地被飞船送到地球〔当时叫提基雅克（Teegeeack）〕，丢进火山，然后用氢弹炸死。"[12] 但毕竟没有证据证实这个说法，所以，我可以合乎情理地说（我知道）没发生过这样的事，尽管我不能绝对肯定。

不管怎样，上述有关兹努的说法可以说明，宗教可能提出的主张没边没沿。连宗教人士自己也需要对有人提出过的所有主张加以分拣，判定要拒斥哪些、接受哪些（假如有的话）。而一旦他们拒斥某些主张，他们就是在说（自己知道，至少自己相信）那些主张为假。

倘若真有一位仁善的上帝凭充分的理由创造了我们，还像慈爱的父母对自己的孩子那样关照我们，那真是好极了。然而，世界的实情给了我们大量相反的证据。

想象你要前往一个国家，压迫的证据在那里俯拾皆是：没有媒体自由和表达自由；大量人口生活条件恶劣，患有严重的营养不良；企图逃跑的人被监禁；拷打与处死的现象猖獗；人们普遍心怀恐惧。可是你的看守者却告诉你，领导这个"金民主共和国"的是一位"伟大领袖"，他至仁至善、永不犯错、坚不可蚀，为人民的福利而施行统治。其他官员也都以极大热情赞成这个看法。那里会举行场面壮观的大会，会上的群众纷纷表达自己对伟大领袖的热爱，表达对他的大恩大德的感激。你若鼓起勇气提出怀疑，引述种种触目惊心的事实，则会招来详尽的合理化说辞来告诉你事情不是看起来那样，要么是你掌握的事实有误，要么是这些事实与人们关于伟大领袖所相信的一切都可以调和。也许你的看守者还为这种思想阐释起了个名字："金正论"。[13]

这个国家如果是由一位至仁至善、永不犯错、坚不可蚀的统治者领导，那再好不过，但真有这么一位领袖的话，这个国家会与现在的样子截然不同。固然，该国有很多人不赞同我们，但这可以解释为这些人要么在政权中有既得利益，要么被洗脑了，要么害怕发声。单以他们与我们有分歧为依据，并不能判定事情很复杂。

地球不是处处都糟得像这个国家，但它毕竟属于"上帝的地球"：同属这个地球的还有索马里、津巴布韦、伊拉克、沙特阿拉伯、叙利亚、阿富汗、缅甸及其他一些亚洲国家——姑且举几个很多人生活状况恶劣的地方。[14] 就算在世界最好的一些地方，也会发生可怕的事情。人身袭击、强奸、凶杀时有出现，不义未能杜绝，儿童遭受虐待。幸好，这些恶行在西欧等地的发生率低于地球上状况较差的地方，但我想说的是，这些事都发生在一位据说是全知全能全善的上帝的管辖区域内。我们同样不该忘了地球上的人所患的严重疾病，不该忘了每天有数十亿的动物被包括人类在内的其他动物杀死、吃掉。

这些数字庞大到无法计算。不过为了稍微有点把握，可以参考一个研究发现：伊比利亚半岛大西洋沿岸的真海豚和条纹原海豚每年总共要吃掉27500吨沙丁鱼、鳕科鱼、无须鳕鱼和竹荚鱼，相当于日均75吨以上，这可只是世界海洋一角的两种捕食者吃掉的。全球范围内，（保守）估计抹香鲸会吃掉1亿吨头足纲动物。[15]每年落入捕食者之口的牛羚，估计占这个被捕猎物种总生物量的42%。[16]绝大多数海龟幼体在探出沙窝后就被吃掉或死于其他原因，甚至都没来得及跑进大海待几分钟。此外又有些海龟死于海洋捕食者之口。"这些小海龟降生其中的是一个对它们垂涎已久的世界。"[17]

这些数字不过是管中窥豹，但也不应让我们忘记动物个体受苦的严重性。当然，个体的受苦程度各有不同。有些猎物瞬间死去，而对于另一些猎物，死是漫长的。看看下面这段描写：

> 母狮把它弯刀一样的爪子扎进斑马的臀部，利爪撕开坚韧的毛皮，深深扣进肉里。受惊吓的斑马惨叫一声，倒在地上。不一会儿，母狮从斑马的屁股上松开爪子，把牙齿咬进斑马的喉咙，扼止了斑马的惊叫声。母狮的犬齿长而锋利，但斑马体型不小，脖子壮硕，皮下有厚厚一层肌肉，所以，母狮

无意义　51

的牙齿虽刺穿了皮毛,但还刺不到大血管。这样一来,母狮只能采取窒息法杀死斑马:用它有力的爪子钳住斑马的气管,切断进入肺部的空气。斑马死得很慢……临死的巨痛要延续五六分钟。[18]

有些动物会被活吃。下面这段描写里,受难的是一头成年蓝鲸:

> 这头被困的蓝鲸,拖着几处伤口流出的股股鲜血,被两边各三四头虎鲸包夹着。还有两头虎鲸游在前面,三头游在后面。另有一小队共五头虎鲸,轮流在蓝鲸的肚子下方巡逻,阻挠它下潜。又有三头虎鲸游在蓝鲸头顶上方,阻止蓝鲸把喷气孔抬上水面,使它无法呼吸。雄性虎鲸头领带队出击,咬下蓝鲸大片的脂肪和肉。它们已经把蓝鲸的尾鳍撕碎了。[19]

这一过程会持续超过五个小时。

这样的世界,不像是由一位有无限知识与权能的仁善之神创造的。若认为实情并非看上去那样,认为世界就是由这么一位神创造的,可就太轻信了。

(非人类)动物的困境尤其能揭示问题所在。数十亿动物被捕食者吃掉,被吃时常常还活着,而人类面对这样的骇人场面时一般不会想去指出**这些**生命的宇宙性意义。实际上，一神论的通常回应是说，动物的（至少一个）目的是被食物链更高处的动物吃掉。这个回应很难与一位据说仁善的上帝的存在相协调，因为这样的上帝一定**能够**创造一个不需要数十亿生命死去来维持其他生命的世界。[20] 如果你认为仁善的上帝确实把一些动物作为其他动物的食物创造出来，那么这至少会令你无法那么肯定上帝会为人类设定一个满意的目的。

这里常有的回应是说人类是特别的，故而上帝会为人类设定一个特别的目的。但是，当你假定人类与非人动物之间在宇宙性意义上有如此重大的中断时，你已经预设了人类是上帝造物的拱顶石，而不是与其他动物同是一个演化过程的产物，但这正是我们需要讨论的宗教信条。[21]

有神论者还有一种可谓常见的思路，就是把生命的无意义看作对无神论的归谬论证。按这类论证，否认上帝存在的想法蕴含的推论太过骇人，以至于否认上帝存在必定是错的。[22] 无神论是否真有被归给它的所有这些意蕴，还完全不清楚，[23] 而提出此种论证的人也没有严肃地对待一种可能：无神论的一些真正意蕴虽难以下咽，但也许就是真的。从现有证据看，我们的生命缺少宇宙性意义，要比上帝存在的可能性大得多。有神论也许能提供慰藉，但它对人生的麻醉效果有实实在在的代价。

寻求从宇宙性意义之阙如的焦虑中解脱的，不只有神论者。很多世俗的论证思路也意在提供这类解脱，或者有提供这类解脱的效果。我说的世俗论证，不是单指主动否认宗教性主张的论证，而是更一般地指不预设宗教性主张的论证。

自然之"目的"

例如有人提出，没有上帝就不能有终极目的这一想法是错的。斯蒂芬·罗说，每个生物体都有一个目的，那就是"生育，并把自己的基因材料传给后代"。[24] 他说，我们"每个人都各自为一个目的而存在，这个目的是自然提供的，无论是不是有个上帝"。[25]

倘若那就是我们的终极目的，那么从能否算作宇宙性目的来看，它还不够终极，反倒明显是个世间的目的。另外，它不够鼓舞人心，无法安慰我们。揣想人生有无意义时，发现自己（只不过）是基因材料用来复制自身的机械，这不太可能打消疑虑。实际上，正是这种念头才使人揣想人生到底是为了什么。认为人类会觉得基因复制是个令人满意的宇宙性目的，其无稽程度堪比一句俏皮话：鸡是蛋生蛋的手段。

但最重要的是，说我们被自然赋予的目的是把基因材料传给后代,这是错误地刻画了何谓目的。目的是由能够有目标的存在者来赋予的。这样的存在者包括人类和某些动物,若上帝存在则也包括上帝。这些存在者创造出东西,或是使用现有的东西,服务于他们的某些目的。

例如,曲别针的目的是把纸张别在一起。曲别针的存在和属性,都可以这样解释:人类创造它,就是让它来起这样的作用。但曲别针也可以用于有目标的存在者派给它的其他目的。例如我们可以把曲别针掰直,用它的一端按压电器的重启按钮。这不是创造曲别针的初衷,但我们可以把这个另外的目的赋予曲别针,用它达成我们重启机器的目标。而且,从来都不是为任何目的而创造的东西,也可以后来被赋予一个目的。石头可以用于锤打,即使石头根本不是为这个目的创造的。而自然,没有目标。自然是个盲目的过程,其展开没有预想的目的。它既不意图让我们存在,也不追求我们的存在所意图达到的任何目标。

自然也许有助于我们解释自身的存在,但那种解释是因果性解释,不是目的性解释。[26] 至少在字面意义上,那种解释不把目的归于任何人或任何事物,所解释的仅仅是我们**如何**得以存在,不解释我们**为何**存在。[27] 我们或许会觉得,知道人类如何演化、如何复制很是有趣,但这种理解并不蕴含着我们的存在有自然赋予的目的。

当然，我们许多人（但绝非所有人）是为了一个由创造者赋予的目的被带到世上的。这里说的创造者就是我们的父母。[28] 他们创造我们，也许是为了一大堆目的：为满足自己遗传后代的欲望，为有个孩子可养，为让他们的父母不再唠叨想抱孙子，为传递某些价值或生活方式，或是为给种族、国族群体的生存发展做贡献，等等。但是，这些都是我们父母的目的，不是自然的目的，也不是具有宇宙性意味的目的。

稀缺价值

还有一种更精致的思路试图论证我们的生命具有宇宙性意义，或至少**可能**有此意义。哲学家盖伊·卡亨的论证核心如下：

1. 我们具备价值。
2. 如果宇宙中没有其他生命，那么没有其他事物有价值。
3. 如果没有其他事物有价值，那么我们具备最大的价值。
4. 所以，如果宇宙中没有其他生命，那么我们具有极大的宇宙性意味。[29]

卡亨博士说，虽然对我们何以具备价值的根据存在分歧，但上述第一个前提是广受支持的。不过他也指出这个前提是含糊的。这一前提，或者更确切地说，"我们"一词，"既可能泛指地球上有感觉的生命，也可能单指我们人类"。[30] 如果地球是发现生命的唯一地方，那么**一切**有感觉的地球生命都有极大的宇宙性意味。如果想要说人类比其他地球同胞更富意味，那就"必须进一步说，我们的智力和因之得以可能的成就与失败，都关系到某种独特、卓越的价值"。[31]

如此种种评论[32]都提示出，虽然卡亨博士回避解说我们为什么有价值，但他似乎认为我们所以有价值，源于我们有感觉（sentience），可能还源于我们有智识（sapience）。[33] 把我们的价值奠基在这样的属性上，对于确保第二个前提为真是必要的，因为这样就排除了无生命体、自然构造及系统也有价值的看法。假如这些东西也有价值，那么地球之外的宇宙就会充满价值。例如，想想银河、土星环，还有火星上的奥林帕斯山（Olympus Mons）——太阳系第一高山，高度几乎是珠穆朗玛峰的2.5倍。

卡亨博士很清楚，我们既然不知道宇宙里是不是只有我们，也就不知道我们是否具有他论证出的有条件结论所支持的巨大的宇宙性意味。如果别的地方存在丰富的生命，我们具有的意味就会大为缩减。所以，这个论证的意图只在于表明我们的生命**可能**具有很大的宇宙性意味。讽刺的是，依卡亨博士的论证，仅当上帝**不**存在，我们的生命才可能有这样的意味，因为假如有上帝，我们在宇宙中的意味与上帝比起来就相形见绌了。[34]

有些人担心，在没有上帝的世界，我们的生命会没有宇宙性意义，而卡亨博士的论证也许（在表面上）令这些人欣慰。然而，他的论证有若干问题，最重要的是从前提到结论的推理中有的一些问题，这使得结论终究未能提供初看上去能提供的慰藉。

这一论证的前提关涉价值，结论却提出了有关意味的主张。卡亨博士意识到意味不同于价值，[35] 但这没有挡住他做出无端的推论。他正确指出，虽然"关于意味的主张……与关于价值的主张有联系"，[36] 但某物有价值对于它富有意味是不充分的，它还"得是**重要的**，得**真正造就某种不同**"。[37]

所以，问题的一部分在于，具备**最大**价值但不具备**很大**价值是可能的。就算我们是宇宙中最有价值的存在者，也不能由此推出我们极有价值。我们具有的价值不会因不存在其他有价值的东西而增加。这就好比弓头鲸是地球动物中寿命最长的，也许能活二百年甚至更久。但就算它也是宇宙里寿命最长的动物，也不能就此得出它的寿命（以宇宙时间为标准来判断）是极长的。

然而更重要的是，即使我们的生命有极大价值，也不能就此得出我们的生命有极大的宇宙性**意味**。是否如此取决于宇宙性意味指的是什么。这在卡亨博士那里完全不清楚：他从谈价值到谈意味是滑过去的。而有些地方，他谈的似乎又是我们在道德上事关紧要——我们在道德上有分量（considerable）。[38]

如果这是卡亨博士的意思，那么我们就能说，但凡道德行动主体，无论身在宇宙何处，都应该不去实施会错误地伤害到我们的行为；我们还能说，他们应该这样是因为我们有（道德上的）价值。他们看不到我们，这没关系，就好比我们看不到地球上离我们很远的人，但我们仍可能以某种行为错误地伤害到这些人。这个意义上，我们的价值可能在宇宙的某个遥远角落有其意味，类似于我们的价值在我们星球的某个遥远角落有其意味。我们的价值能向宇宙任何地方的道德行动主体提出道德上的主张。

然而，这根本不是人们说人类没有宇宙性意味时想到的那个"意味"的意思。[39] 相反，人们忧心的是宇宙（包括我们这个星球和它强大的自然力量）对我们漠不关心，忧心的是我们做什么都无法造就任何超出我们这个星球的甚至在宇宙时间尺度上的不同，忧心的是人的生命没有目的。[40]

换言之，人们怀有的人生忧思跟宇宙包含了多少其他生命无关。知道宇宙中其他地方不存在生命，这抚慰不了那些害怕人类生命没有宇宙性意义的人。

这样的人也不会因如下论证而获安慰：该论证的结论是，我们有极大的宇宙性意义，但癞蛤蟆也有。即使你觉得人类具有的宇宙性意义也许比癞蛤蟆能有的更多,但这不影响如下一点:按照该论证,若人类有极大的宇宙性意义,则癞蛤蟆也有可观的宇宙性意义。

卡亨博士的论证还蕴含另一个古怪结论。按照他的论证,人类生命有多么富有意味,至少部分取决于有多少其他生命存在。如果不存在地外生命,那么人类生命就会极富宇宙性意味。然而我们知道,地球上充满生命。所以由此可以得出,人类生命的世间意味远少于宇宙性意味[41]:由于土豚、大象、大羊驼、斑马等动物的存在,人类生命的世间意味变少了。这正好与我们通常的想法相反。通常我们会不无道理地想:我们对这个地球的影响比对宇宙其他部分的影响大得多,而虽然地球像宇宙其他部分一样对我们漠不关心,但比起对宇宙的其他部分,我们至少对地球有更大的控制权。

或许如下一点卡亨博士也意识到了:他认为我们能有的那种宇宙性意味,并非人们寻求的意味。毕竟他说他"无意否认我们栖居的宇宙是黯淡、盲目、冷漠的"。[42]

轻视宇宙角度

并非所有意在提供世俗慰藉的论证都主张我们的生命具有

宇宙性意义。有一些论证思路会试图动摇宇宙角度的适切性。例如，托马斯·内格尔回应了一些容易让人悲观地看待宇宙性意味的思路。他首先论证，如果"我们现在的所作所为，一百万年后都无所谓……那么同理，一百万年后怎样，现在也无所谓"。[43]

但这个回应，至少作为对我所持立场的回应而言，似乎太油嘴滑舌了。我们现在做的事，其意味往往关乎甚至取决于此事在以后是否有所谓。例如，某人也许会寻思是把一早上的时间用来搞哲学写作还是把它荒废掉。从一个重要意义上讲，选择做什么，现在确实无所谓。即使纵容自己，现在或者明天都不会造成什么坏结果。但以后会有所谓。更确切地说，你是善用了时间还是轻掷了时间，这在以后会有所谓。由于以后会有所谓，所以现在（作为手段）有所谓。

类似的，有时候事情现在无所谓，是因为以后无所谓。例如，一个人已经活到足够老，那么此时患上前列腺癌就可能无所谓，因为他很可能在癌症表现出症状之前就由于别的原因去世了（据说很多男性去世时**患有**前列腺癌，但并非**死于**前列腺癌）。一座房屋如果很快就要拆除，那么不去修补裂缝也无所谓，而这事现在无所谓是因为以后无所谓。

还可以想想战死的人。战死有没有意义，至少部分取决于这死到以后会不会有所谓。如果那场战斗未能影响战局，或者如果最终战败了,士兵的死就没有了意义。或许士兵展现了勇气,激励了战友,但长期来看,他归根结底是白白死去了。他的死没有达到什么长期的目的。

因此我们发现,留意什么事将来有所谓,至少能一定程度上看清什么事现在有所谓。当然,前面针对这一点举的例子不牵涉采取宇宙角度,但如果我们接受对人生忧思的最合乎情理的解读,那么这个差别并不太重要。

这样理解的话,内格尔教授的主张就不是**任何**事情现在都无所谓。他说的这些是正确的:"辩护(的链条)一再终结于生命之内"[44],"头痛了吃阿司匹林,看自己喜欢的画家的画展,制止一个孩子把手放到热炉子上,这些做法合乎情理,无须另作辩护"。[45] 他想说的其实是,虽然这些活动有所谓,但**只是**现在有所谓,即在活动所影响之人的一生里有所谓。辩护链条可以终结于生命之内,生命本身已经使其中的各种行动完全合情合理。然而,人生大问题所问的是整个生命有没有什么目的。要对此作答,不能仅仅指出生命之内的辩护。

不妨打个比方。下双陆棋时,走出多种棋着完全合乎情理。当然,你必须走出(允许的)棋着,否则就不是在下双陆棋。不同的棋着各有其辩护理由。但若是问双陆棋旨趣何在,现在下双陆棋合不合适,该不该把这游戏传给下一代(教孩子这个游戏,乃至生个孩子好有孩子可教），则完全是另一回事。同理，一边缓解头痛、防止孩子受伤，一边担忧自己的整个生命甚至一般而言的人类生命没有宇宙性目的，也完全合乎情理。宇宙性意义的缺失或许提供了一点理由，令人为自身的存在而憾恨，或者教人避免把新人带来世上，好让这整个无谓的轨迹不再延续。

内格尔教授还对关于宇宙性意义的其他悲观论证提出了异议。他论说道，我们的时空局限不像很多人想的那样有所谓。因此他反问："人生七十如若荒诞，那倘若永远延续下去，岂不是无限荒诞？"[46]如果按当前尺度，我们的生命是荒诞的，那怎么我们占满了全宇宙，生命就不那么荒诞了呢？"[47]

这些回应表面听来有理，但未触及产生人生问题的根源。如罗伯特·诺齐克所言，追求意义是在追求超越"个体生命的限度"。[48]不光在宇宙层级是这样，在每个层级都是这样。无论是在家庭中，在更大的社群中，还是在对人类的贡献中，我们都在追求一些目的，在努力超越自身的限度。许多人还对宇宙级别的目的怀有徒然的欲求。我们若不是有限的存在者，就不会生出对意义的追求。想来上帝该不会为他的生命意义担忧，不会担忧自己是否会满足某个外部的目的。

实际上，认为上帝有这种存在性焦虑，才是宇宙级的荒诞，但若是一个有限（且有自我意识）的存在者想要超越自己的限度，我们就完全能理解。试想你没有时间限度，永生不死。这种情况下，你生命内部的目的很可能足够了。既能长存于世，就不需要追求比自己存续更久的目的。空间限度似乎没有时间限度这么严重，但也存在类似的问题。如果你在空间上无限，那就必然没有什么能在空间上超出你，因而你不需要追求超出自己空间限度的目的。仅当你是有限的，对超越的整个筹划才有意义。

看到了这一点，我们就明白内格尔教授的回应为什么有问题了。七十年的荒诞一生若延续至永远，不见得会无限荒诞。这真正要看你考虑的是哪种荒诞（这里我像之前一样默认荒诞的一生即无意义的一生）。有些人生，即使从各种世间角度看也属荒诞。这些生命如果无限延续，的确会无限荒诞。因此，永生本身不足以令生命在宇宙层级富有意味。然而，有些人生虽然从较有限的角度看不荒诞，从宇宙角度看却是荒诞的，而之所以从这个更广的角度看是荒诞的，部分是因为存在着这些生命所不能超越的某个时间限度。这些生命假若延续至永远，就**不会**无限荒诞，至少在其意义可以永远保持或永远演进的情况下是这样。此时，一生的意义并不终结，而是以某种形式永续。这样的生命，至少从这方面看，在宇宙角度上不再荒诞（即不再无意义）。

请想象某人正在设法凿穿（或者从底下挖穿）监狱的钢筋混凝土墙体。只有在他终未能破墙而走的情况下，他这份热切的努力才是荒诞的。他若逾越了狱墙施加的限制，这份努力就不再荒诞。同样，超越自己的时间限度，也是克服了一种使努力变得（在宇宙角度上）荒诞的人生本相。

关于我们的尺度，内格尔教授提出的观点也不公允。人们在琢磨广袤宇宙中自身的渺小时，重点不在尺度，而在限度。如果宇宙由且只由你构成，你就不会在这方面受限（除非存在什么超出宇宙的东西），再想要超越你没有的限度也说不通。把这一点化约到用你当前的尺度与宇宙相比，或是你占满全宇宙，实为滑稽之语。

专注于世间意义

贬低宇宙角度的重要性，还有另一个常见的相关策略，就是单从世间意义的角度构设生命中有无意义的问题。采取这一策略的人，很多并不明确论证宇宙角度不相干，我们只应专注于世间角度，而是以世间意义来构设生命有无意义的整个问题，隐含假定了涉及生命意义的问题仅仅与世间意义有关。[49]他们这样做，是预设了关键疑问的正确。他们默认了对问题的某种表述，这种表述如我们所见，使问题会有乐观的回答。他们忽视了对问题的更充分表述，而那种表述就要求明确地面对一个丑陋的真相：我们的生命缺少人类如此经常渴求的宇宙性意义。

采取专注于世间意义这一策略的另一些人，则不完全忽略对宇宙性意义之阙如的忧惧，而是想办法把我们的关注点引回世间意义。例如彼得·辛格说，想找寻意义，就要去"为'超越性的事业'努力，即为延伸到自我边界之外的事业努力"。[50] 我们要做值得一做之事，以此超越自我的边界。[51] 辛格教授把伦理事业视为值得一做之事的典型（但非唯一）例子。[52] 但他的所有例子之所以有意义，都基于某种世间的角度。他承认我们没有宇宙性意义，但又提出这样的观点："虽然说最美、最持久的人类制品也终将化作尘土，但不能因此否认创造它们是值得一做的有意义之事。"[53] 换言之，我们的成就不会长存，这无所谓。

对宇宙角度的这种轻视与托马斯·内格尔的类似，应受的批评也类似。辛格对宇宙角度的轻视确实可以有效应对这样的看法：唯一的意义就是宇宙意义，因此凡缺少宇宙意义的事物都干脆没有意义。对这个看法，可以像彼得·辛格一样回应说，某些事情，即使其意义不会永存，也是值得一做、有意义的。

但也有人采取了我所勾勒的那个更为精微的看法，那么上述回应就完全没与他们交手。依照我所勾勒的看法，许多活动和许多人的一生都具有世间意义，但我们的生命仍然缺少永恒观点下的意义。采取这一看法的人可以对辛格教授这样的乐观者说:"我们的确知道许多活动在社群观点、人类观点下有意义,实情如此也令我们高兴,但我们仍旧担心自己的生命没有宇宙性意义。你说的一切都没法减轻这份担忧。"

不妨再打个比方。如果你担心你父亲的健康,那么听说母亲十分健康,不会令你少担心一点父亲。母亲健康显然是好事,若她身体不好,你也会担心。但得知不必担心母亲的健康,消除不了你对父亲健康的担忧。同理,虽然说我们的生命若无任何意义会糟糕得多,但即使观察到至少某几种世间意义是可以获得的,对于忧心宇宙性意义缺失的人,**这份**忧心也得不到抚慰。

这一点可以换种方式表达。我可能从帮助他人中获取一些意义,被帮助的人又可能从帮助另一人中获取一些意义,但这不能为我们的总体生存提供意义。我们仍然能说,一般而言的人类生存在永恒观点下没有意义。主张人类生存的目的在于人与人互相帮助,这有循环论证之嫌。况且,即使某人的生命有某种世间意义(也许这意义就来自帮助他人),也无法由此得出此人的生命同样具有宇宙性意味。

酸葡萄与值得希求的种种意义

我已经论证,宇宙性意义是无法获得的。对此,最后一种乐观回应是，不承认我们应该要么寻求宇宙性意义要么憾恨我们没有这种意义。像这样的策略，我将其宽泛地归为"酸葡萄"论证（尽管提出这类论证的人当然会拒绝酸葡萄这个称呼）。

这类论证的形式有很多种。其中一种常常并不明言的论证形式是说，不值得为无法获得的东西担忧，因为这样的担忧不会有什么好处。但这个思路的问题是，就算不值得寻求无法获得的东西，憾恨我们无法获得这种东西仍不失为合宜。试想一位绝症患者已经无法救治。虽然他无法获得好转，但他完全可以合乎情理地憾恨自己这种不治的状况。

而这种情况下的憾恨合乎情理，也许是因为有可能想象出别样的情形，那时此人并不处于临死的状况。在这个可能的假想情形中，这人并没有患上迅速致死的疾病。这个假想情形也许从实际上讲无法实现，但由于这一情形是可设想的，所以就存在着某个可能的别样事态，此人会憾恨这一事态不是实际的事态。至于对缺乏宇宙性意义的憾恨，有些论者主张它与此例大不相同，因为无法设想我们的生命能以什么方式具有宇宙性意义。

例如克里斯托弗·贝尔肖说，在化解我们对意义的担忧上，连"上帝也不够终极"，所以"我们应该得出结论……这类担忧干脆就不真实"。[54] 盖伊·卡亨也以此论证思路反问："为了具有宇宙性意味，我们还得有腾挪星河的本事不成？"[55]

这种论证的一个问题是，提出它的人或许只是没想好什么能使生命从最广阔的角度看有意义。但即使假定没有什么能令我们的生命有宇宙性意义，上述论证也不成立。它不成立，不是因为前提为假，而是因为从中得不出一个抚慰人心的结论。即使我们的生命在永恒观点下无可挽救地没有意义，且不存在可设想的别样情形能让事情不是这样，也不改变我们的生命（在宇宙层级）无意义这点。这样一来，无意义深深地属于人的困境，深到根本不可能不如此的地步。这消息可不好，而是糟透了。

酸葡萄论证的第三个版本主张，对宇宙性意义的欲求表明有这种欲求的人有某种缺陷。例如，苏珊·沃尔夫（顺带地）提到，"对于恒久性的一种非理性执迷"，[56] 而盖伊·卡亨也提出，"这种扬名宇宙的愿望可不只是有点自恋"，[57] 还有对宏大的宇宙性意味的欲求"自大得令人尴尬"，[58] 类似于"疯子假装自己是拿破仑或耶稣"。[59]

按理说，最适合形容为"自大"的人，是相信我们**的确**富有宇宙性意味的人，而不是相信我们没有这种意味的人。可是对这种意义的**欲求**（以及对缺少这种意义的憾恨）也是自恋、自大的吗？那些想要有家庭性、社群性意义而不得的人，我们一般不认为他们自恋、自大。这样说来，之所以认为对宇宙性意义的欲求使有此欲求者给人不佳的印象，至少有一部分解释恰恰在于这种意义的不可得。但我却看不出，凭什么单单由于某种好东西无法获得，我们就不应憾恨其缺失。某种困境即使无法避免，也大可致以叹惋。我们无法具有宇宙性意义，这本身不代表我们不该认为有这种意义是好的。

认为宇宙角度的意义为好东西的理由，可以从支持其他角度的意义为好东西的同类理由延伸而来。人们合乎情理地想要自己有所谓，不想自己渺无意味、徒然无谓。生命艰难，充满奋力与挣扎，我们历经很多苦痛，之后还要死去。希求这一世波折有其真义，这完全合乎情理。我们能获得的点点滴滴的世间意义是重要的，没有这些，我们的生命不但无意义，还会很悲惨，无法承受，每天起来去做维持生计的必需之事就会很难。有位作者对这个想法嗤之以鼻，说"认为一个人发现自己的生命无意义会自然地导向自杀，这有点荒唐"。[60] 可实际上，至少据一些人的观点，失败的社会归属是预测自杀时最重要的因素。[61] 失败的社会归属是感知到自己的生命从某些他人的角度看没有意义的结果之一。

维克多·弗兰克尔，这位经历奥斯维辛等多所集中营而幸存的精神病学家，就强调意义的重要性，更准确地说是**感知到的意义的重要性**。[62] 在写到大屠杀期间的经历时，他提出，意义对生存至关重要。在他看来，"世上再没有什么东西……能像知道自己生命中存有意义一样，有效帮助一个人在哪怕最坏的境况中活下来"。[63] 他说："尼采曾说，'倘若一个人拥有了他生命的**为何**，他庶几就能承受一切的**如何**'。这句话可以用作格言，指导囚徒在心理治疗、心理卫生方面的努力。"[64] 集中营狱友的境况固然极端，但弗兰克尔也申明了一个更为一般性的观点："力求找到自己生命中的意义，乃是人的内心最主要的动机力。"[65]

虽然我们需要至少有一些世间意义，但不足为怪，这没有给我们一切值得拥有的东西。我们在人的各个角度来看具有的意义，没有为整个的人类生存事业赋予意义，没有为整个人类及其持续存在提供本旨。如果人类并无本旨，如果我们每个人不过是机器里的一个齿轮，服务于一项无谓的事业，那么即使我们的生命不无（世间）意义，也还是存在严重的意义赤字。世间意义虽好，但缺失了宇宙意义毕竟糟糕。

结语

有些人会把我的看法刻画为"虚无主义"。[66] 若不加限定，这种刻画乃是错的。我对**宇宙性**意义的看法的确属虚无主义，我认为不存在什么宇宙性意义，如果这点上我是对的，那么把我称为宇宙性意义方面的虚无主义者就完全恰当。但我并不是对

一切意义都持虚无主义,因为我相信某些角度的意义是存在的。

我们的生命可以有意义,但只在受限的、世间的角度上有意义。而从一个关键的角度即宇宙角度来看,我们的生命无可挽救地没有意义。思考生命中的意义时,人们常犯两大类错误。一类人觉得唯有可得的意义才有关系,他们或是忽略我们的宇宙性意义阙如,或是从各种角度,要么轻视宇宙性意义的问题,要么贬低宇宙性意义之阙如的重要。另一类错误是认为,既然从宇宙角度看我们渺无意味,所以"**什么都无所谓**",言下之意是,从任何角度看都没有所谓。实则,如果我们缺少宇宙性意义却有其他种类的意义,那么某些事物就**的确**有所谓,尽管只在某些角度有所谓。例如,一个人是不是增添了地球上本已巨量的痛苦,这是能造成不同的,虽然不能对宇宙的其余部分造成不同。

生命无意义,但也有意义——或者说得准确些,有种种意义。不存在生命的**唯一**意义这种东西。很多种不同的意义都是可能的。人可以用数不胜数的途径超越自我,给他人的生命留下印记。这些途径包括养育、教导幼小,护理病患,慰藉受苦者,改进社会,创造文学艺术杰作,以及增进人类的知识。

尽管如此,我们仍然有正当理由为我们在宇宙层级的渺无意味以及整个人类生存事业的徒然无谓感到憾恨。[67] 尽管(有些)人常叹服于宇宙中人类的存在所具有的深远意味,但即便没有我们，宇宙的其余部分也不会产生丝毫的不同。[68] 我们不服务于宇宙中的任何目的，况且，尽管我们的努力在此时此地有一定的意味，这份意味也在无论时间还是空间上都极其有限。

就算一些人认为我们不应渴求不可获得的更大意义，他们也必须承认，有人若因自己的渺无意味而受这般存在性焦虑之苦，是何其悲催。这份苦痛是人的困境中无可争议的一部分。

第 4 章

质 量

我们的起点和终点，二者何其有别！前者产生于肉欲的迷狂和酒色的诱惑，后者则是所有器官的毁坏和尸体腐烂的恶臭。此外，论及福祉，从起点到结局，走的也始终是下坡路：童年备受福佑、心怀憧憬，青年快乐无忧，成年艰苦劳累，老年虚弱可怜，临终则疾病缠身、与死神最后一搏。这一切难道没有表明：存在就是失足……？

——阿图尔·叔本华，

《附录和补遗》（Berlin: Hahn, 1851），

卷二，第11章，"对存在的无效性学说的补充"，

第147节，245—246

生命的意义与质量

我们生命的不幸，不只在于宇宙性意义的阙如（及世间意义的稀缺）。我在本章论证，这种不幸还可归因于我们生命的可悲质量。意义的不足与生命的低质都是人的困境的要素。

这样的措辞似是在说，意义与质量是人的困境的两个完全分立的要素。但也可把意义看作生命质量的一个组成部分。无论怎样看，分开考虑两者是有启发价值的，因为生命中的意义虽是重要的人生问题，但至多也只是生命质量的**一个组成部分**，把其他组成部分区分出来考虑是有益的。

生命的意义与质量到底是什么关系，取决于你怎么理解这两个概念，取决于你怎么看待什么能使一生有意义以及什么能造就好的一生的问题。

无论你对生命**实际上**是否有意义采取什么看法，**感到**自己的生命有意义总对生命质量有所增益，**感到**自己的生命无意义则总对生命质量有所减损。感到生命有意义，就会感到生命更好，而对生命无意义的感知有可能对生命质量有深远的负面影响。

然而至少按照有些看法，即使生命质量不佳，人的一生也能有很大的（世间）意义。例如，纳尔逊·曼德拉的监禁大大减损了他的生命质量，但最终，这段监禁为他的一生增添了巨大的意义。一种残酷的反讽是，生命中的意义实际上能因某些造成生命质量（在其他方面）降低的事件而增加，曼德拉先生可以说就属于这种情况。他经历的监禁，期间遭受的艰苦与轻侮，以及他对这些的回应，使他成了一个强有力的象征，而假如他当初逃离南非，在随后的种族隔离年代流亡海外，享受整体上更高的生命质量，那么他不会有这般成就。

按某些看法，同样可能的是，无意义的一生在（其他方面）生命质量的尺度上有（相对）更高的得分。身家百万的花花公子一生并无意义，却可能被（某些人）看成是高质量的一生。若其他条件相等，这样的一生无疑算不上最悲惨的人生。

生命意义与生命质量的一个有趣联系在于，对意义的疑问常常浮现于生命状况变差之时，譬如你遭遇了严重事故、孩子去世或确诊患癌。然后你会问"这一切是为了什么"或"为什么是我"。人们一般不会以这样的问题来回应（相对来讲）状况良好的事情。[1]你若中了彩票，也很可能对好运大为惊奇，但不会整宿整宿地思忖为什么所有人里偏偏是你中了彩票。就算好事坏事都纯属运气，仍是坏事催生那些折磨人的疑问。

当然，对意义的疑问也产生于生命质量在其他方面较好之人的内心，但往往还是生命中的坏事而非好事促发了对意义的找寻。身家百万的花花公子，也许会最终停下来琢磨他的生命是否无意义，但那很可能是生命质量方面的坏事所致——也许是他年岁渐长，或者别的什么事提醒他想起自己终有一死。

生命质量之所以是人的困境的要素，不单是因为它把人引向对生命意义的追问，还因为它自身的特性。与很多人认为的相反，人的生命质量其实低得惊人。

不同人的生命质量明显有极大差异。但是，认为某些人的一生比另一些人更差或更好，这只是在做比较，完全没有告诉我们，更差的一生是否差到足以算作很差的一生，或者更好的一生是否好到足以算作很好的一生。但通常的看法是，某些人的生命质量确实称得上就是差的，另一些确实称得上就是好的。与这种看法不同，我认为虽然某些生命好于另一些，但没有谁的生命（从非比较的角度、客观的角度看）是好的。

对这个看法，显而易见的反驳是说，毕竟有无数人判断自己的生命质量就是好的。怎么可能论证出他们都错了，论证出他们的生命质量实际上很差呢？

回应这个反驳，主要有两个步骤。第一步是表明人对自己生命质量的判断非常不可靠。第二步是表明，上述评估之所以不可靠是由于一些偏差，而我们一旦纠正这些偏差，更准确地看待人类生命，就会发现（即使最好的生命）其质量实际上非常差。

为何人对自身生命质量的判断不可靠

人对自身幸福程度的评估无法可靠地指征生命质量，这是因为这样的自我评估受三种心理现象影响，这三种现象的存在已有充分的证实。

第一种现象是种乐观偏差，有时称"波丽安娜效应"（Pollyannaism）。例如，当被要求评估自己有多快乐时，人们的回应不成比例地偏向打分范围更快乐的一端。只有很少一部分人把自己评估为"不太快乐"。[2] 当人们被要求对照他人来评估自己的幸福程度时，典型的回应是，他们的情况比"最普遍的体验水平"要好，这一点用两位作者的话说，表示了"一种有趣的感知偏差"。[3] 人们对自己整体幸福程度的描述过分乐观，这并不奇怪，因为构成这种判断的各部分也易受乐观偏差的影响。例如，人们对自己未来际遇的预想会（过度）乐观。[4] 涉及对过去经历的记忆时，研究结果则更复杂，[5] 不过在某些限定条件下占上风的结果是，[6] 人们对正面经历记得比负面经历更好。这也许是因为负面经历易受认知过程的压抑。对某人生命的总体质量的判断，若未充分考虑曾经发生与将要发生的坏事，就不是可靠的判断。

有足够证据表明，人类存在乐观偏差。这不是说偏差的程度没有参差。即使客观条件接近，某些国家居民自述的主观幸福程度仍高于另一些国家。[7]有人认为部分原因在于文化差异。[8]但是，乐观偏差尽管程度不一，却到处可见。[9]

第二种应能使人对自我幸福评估生疑的心理现象，有好几种称呼：顺应（accommodation）、适应（adaptation）或习惯化（habituation）。某人的自我评估如果可靠，那么这些评估会追踪此人客观状况的改善与恶化。换句话说，如果某人的状况改善或恶化了，他会在相应程度上感知到自己状况的改善或恶化。此后他的自我评估会维持不变，直到有进一步的改善或恶化，才会再响应转变，做出调整。

然而，现实不是这样。虽然我们的主观评估**的确**会响应我们客观状况的转变，但变动之后的自我评估并不稳定。随着适应了自身的新状况，我们不再像最初发生改善或恶化时那样评估自己的状况。比方说，如果某人的双腿突然不能用了，那么他的主观评估会骤降。但是过一段时间，随着对瘫痪状况的适应，他对生命质量的主观评估会改善。他的客观状况没有改善，瘫痪依然如故，但他会判断他的生命不像刚瘫痪时状况那么差了。[10]

我们能适应到什么地步，这有一些争议。有些人表示这种适应是完全的适应：我们会回归主观幸福程度的基准水平或说"设定值"。另一些人认为证据不能表明此点，至少不是我们生命的所有领域都如此。[11]不过没有争议的是，存在一定的适应，且有时是显著的。这足以支持我们的主观评估不可靠这一主张。

损害幸福度主观评估可靠性的第三项人类心理特征，可称为"比较"。对幸福程度的主观评估，隐含着与他人相比较。[12]我们对自身生命质量的判断，会受（我们感知到的）他人生命质量的影响。结果之一是，一个人在判断自身的生命质量时，会把一切人类生命都有的坏特征忽视掉。由于自己的生命在这些特征方面不比其他人更差，我们在对自己的生命质量得出判断时往往会忽略这些特征。

波丽安娜效应仅使判断往乐观的方向产生偏差，而适应和比较则复杂一些。人不仅会适应客观状况的恶化，也会适应其改善。与此类似，人既能跟状况比自己差的人比较，也能跟状况比自己好的比较。但如果认为最终结果是抵消了所有偏差，那就错了。这是因为，无论适应还是比较，都是在乐观偏差的背景下起效的。适应和比较也许会减轻乐观偏差，但不会抵消它。况且，乐观偏差也存在于这另外两种特征的表现之中。例如，我们更有可能跟状况比自己差的人，而非状况比自己好的人去比较。[13]由于这些缘故，三种特征的最终结果是让我们高估了自身生命的实际质量。

证明这些人类心理特征的证据体量巨大,根本不可否认。这不是说**人人**都高估自己的生命质量。证据表明的是现象的广泛性而非普适性。有些人的评估是准确的,但这些人是少数,且很可能包括了那些不会反对我对人类生命质量的黯淡看法的人。

这不是说主观评估毫不相干。把自己的生命看得比实际更好,这本身**能够**使它比不这样看待的情况下更好。换言之,有可能存在一个反馈回路,使得正面的主观评估实际上提高了客观的幸福程度。但是,一个人对幸福程度的主观评估究竟是**影响**了客观水平,还是**决定**了客观水平,这是有区别的。即使过度乐观的主观评估使某人的生活好于不这样评估的情况,也不能就此得出,某人的生命实际上就像他认为的那样状况良好。

至此我已表明,有很好的理由不信任对人类生命质量的乐观的主观评估。然而,表明人们的生命比人们认为的要差,还不算是表明了人们的生命质量很差。后面这个结论仍须进一步论证,接下来我就要提供这个论证。

人类生命之低质量

大多数人承认,人类的生命质量有时可能低得惊人。但人们一般倾向于这样看待**别人的**生命，而不是自己的生命。当人们真正觉得自己的生命质量很低时，那常常是因为他们的生命状况实际已异常地差。然而，一旦平心静气地看看人类生命，克制住自己的偏见，我们就发现，人类生命的一切都充满糟糕之处。

即使身体健康，人每天也有很长时间在不舒适的状态中度过。我们每过几小时就会渴会饿。数百万人处在长期的饥饿状态之中。待到有了吃的喝的，能把饥渴抵挡一阵，我们又开始感到膀胱和胃鼓胀不适。有时候求得解脱较为容易，但也有些时候，（有尊严的[14]）解脱机会不像我们希望的那样随要随有。我们也有很长时间处于热不适感中，觉得不是太热就是太冷。而除非一有点乏就打个盹，否则一天里还会有好长时间觉得累。实际上很多人一醒就累了，然后一天都是这个状态。

除了世界上贫困人口所处的**长期**饥饿是个例外，上述的不适往往都被人当成小事，不屑一提。这些事与人们遭遇的其他坏事相比固然是小事，但并非无关紧要。若是某个更有福的物种的成员从未经受过这些不适，它们就会恰当地注意到，我们既然把不适看作坏事，那就该比目前更认真地看待人所体验到的日常不适。

其他负面状态也经常有人体验到，尽管不是每天或每人都会体验到。常见的是瘙痒和过敏。像感冒这样的小病，几乎人人都得过，有些人每年数次，其他人也是每年一次或几年一次。许多育龄女性常有痛经，更年期女性则有潮热。[15] 恶心、低血糖、心脑疾病的突发及慢性疼痛，这些症状普遍存在。

人生的负面特征不只局限在不舒服的身体感觉。比如我们还频繁遇上糟心、烦心之事。堵车了得等，人多了得排队。我们会遭遇低效、愚蠢、邪恶、繁复诡秘的官僚机构以及需要几千小时去克服的其他障碍——且不说到底能不能克服。很多重要的抱负不能实现。数百万人找工作一直无果。而有工作的人，很多对工作不满甚至厌恶。即使是享受自己工作的人，也许还有一些职业抱负一直不能实现。大多数人渴望亲密而有所回报的个人关系，尤其想找到一生的伴侣或配偶。在有些人，这份渴求永无满足之日。另一些人暂时得到满足，却又发现这份关系难以应付、乏味不堪，或发现伴侣背叛甚至开始压榨、虐待自己。大多数人对自己外貌的某一方面不满意，觉得自己太胖、太矮或耳朵太大。人们想年轻，想看上去年轻，想感觉年轻，但岁月从不饶人。人们对孩子寄予厚望，又常常受挫，例如孩子可能终究在某一方面令人失望。我们亲近的人受苦，我们见了心里也苦；他们去世，我们丧痛不已。

这无数骇人的遭遇，我们无法抵挡。虽然不是所有的遭遇都会降临于我们每个人，但我们的存在本身就使我们处在这些结果的威胁之下，而对我们每个人而言，某件可怕之事出在自己身上的可能性日积月累，风险也委实巨大了。要是像我在下一章主张的那样，我们应当把死也囊括进来，风险实际上乃是定局。

例如，烧伤患者的剧痛之苦，不单是烧伤发生那一刻会遭受，还延续到此后多年。伤口本身已显然很痛，治疗还会加剧并延长疼痛。有位这样的患者描述道，他每天的消毒剂"洗浴"，在皮肤完好处都引发刺痛，而在皮肤不多或全然无存之处，那种痛简直难以名状。绷带会粘在肉上，烧伤严重时要取下来会花一小时甚至更久，过程中会产生无法描述的疼痛。[16] 烧伤患者可能要反复手术，但即使用上最好的疗法，患者仍要承受一辈子的容貌缺陷和随之而来的社会、心理层面的困难。

接下来想想四肢瘫痪者吧，或者情况更差的闭锁综合征患者。这都纯是精神折磨。有一位肌萎缩侧索硬化（ALS，"渐冻症"）患者，口才很好，他把这种病形容成"渐进的监禁且无假释"，[17] 说的就是那种不断发展、不可逆转的瘫痪状况。四肢瘫痪后，他在失去说话能力之前口述了一篇文章，描述了他经受的折磨，它们在夜间尤其严重。他每晚被放到床上时，四肢都要准确摆成他夜间想摆成的姿势。他说，如果他让"其中一肢游离到错误位置"或"没能坚持让人把他的上腹部与头和双腿仔细对齐"，他就会"在后半夜承受地狱之苦"。[18] 他让我们不妨想想，我们每晚有多少次辗转腾挪,然后他说:"连续几小时被迫纹丝不动,那不光是身体上不舒服,心理上也几乎受不住。"[19]他倚成半躺半坐的姿势,插着呼吸机,无人可诉,唯与自己的心思相伴。既然不能动弹,哪里痒了也没法挠。他说,自己的状况属于"耻辱的无助"。[20]

癌症领了可怖病症的名声,受之不虚。因癌而死非常痛苦,但治疗恶性肿瘤一般所必需的治疗,带来的痛苦只多不少。情况最坏时,病人除了受治疗之苦,还要受治疗失败之苦。

若尚无促成诊断的症状,那么第一次打击就来自诊断本身。亚瑟·弗兰克说,得知自己有恶性肿瘤的消息时,他觉得仿佛"身体散成流沙",让自己陷了进去。[21]但这只是开始。例如,食道癌放疗让克里斯托弗·希钦斯竭尽全力也要避免那不可避免的吞咽需求。一旦发生吞咽,"一阵地狱般的痛苦就涌上喉咙,最后会觉得像是后腰被骡子踢了"。[22]露丝·雷科夫在接受乳腺癌放疗后,说自己"五脏生疼"。[23]治疗可能导致恶心、呕吐、便秘、腹泻和牙龈及牙齿的疼痛,食不甘味,胃口尽失。不出意料,这些都导致体重下降、身体乏力。放疗的副作用还包括神经系统疾病和脱发。这些症状,有许多即使在治疗过程停止或整个治疗结束之后,仍会经历。此外,肿瘤如果压迫大脑、肠胃、骨骼,也能造成剧痛。疼痛如能控制,代价则时常是失去意识,或至少是降低清醒程度。

癌症是骇人的遭遇，但（在人们一般不会因传染病更早死去的国家）也属常见。据估计，在美国，每两名男性和每三名女性当中，就各有一名会患癌症；每四名男性和每五名女性当中，各有一名会因癌症死亡。[24] 近来有人提出，对一生中患癌风险的估计，可能因一些人不止一次患癌而夸大。但即使取更保守的数字，也就是估计初次患原发性癌症的风险，我们仍发现，英国有40%的男性和37%的女性会患上癌症。[25] 不得癌症的人，也依然要承受其他数百种可能的受苦原因施加的风险。

当然了，患癌的更多是年长之人。[26] 可是，虽然其他条件相同时，年轻时死去比年老时死去是更糟，[27] 但就癌症以及因癌症而死而言，老年人的身体和心理症状一样骇人。

有许多状况都伴随着疼痛，可我们还要记得，很大一部分疼痛并不伴有可见的状况，这是没在经受疼痛的人难以注意到的。一位遭受慢性疼痛之苦的人形容它"使人衰弱"，还说疼痛"能控制人的生命，损耗人的能量，抵消快乐，冲淡幸福"。[28]

并非所有受苦都是身体上的，虽然心理疾患无疑可以有身体症状。威廉·斯泰隆描述他的抑郁时说，最终"身体会受影响，感觉像被抽干、耗尽"。[29] 他写到自己"反应放慢，快要瘫痪，内心的能量值几乎掉到零"。[30] 他因抑郁无法安睡，凝视"张开大口的黑暗深处，因自己心智的损毁而疑惑、辗转反侧"。[31]他告诉我们说，受抑郁之苦的人，"就像战争中的步行伤员"。[32]

此外，人还可能落入他人之手而遭伤害，其种类多到令人发指，包括遭到背叛、折辱、蒙羞、诋毁、中伤、殴打、侵犯、强奸、绑架、拐骗、拷打、谋杀。[33]

我们可以历数上述每项恐怖，但暂且考虑强奸这个例子。强奸[34]能在受害者被侵害前和被侵害中持续向其输入恐惧。瘀伤、撕裂伤等身体伤害，作为人身侵犯的结果并不少见。强奸可能带来持续一生的心理影响，如暴怒、羞耻、一无是处之感及建立亲密关系方面的困难。若受害者能生育，则强奸还可能导致怀孕。即使可以自由选择堕胎，终止妊娠也可能带来内心创伤。若怀胎到足月，心理则可能更为痛苦。强奸受害者还可能被侵害者传染上性传播疾病，那就又会对身体产生多种有害影响，对心理也会造成巨大创伤。

为何坏多于好

乐观者很可能提出，上述图景太过片面——生命一般不只有坏，也有好。可是，虽然生命的确不总是**十足地**坏，但即使对最幸运的人来说，坏也远多于好。不那么幸运的人就更糟了，很多人几乎没有一件事对自己有利。

我们的生命包含的坏之所以远多于好,是因为坏事与好事有一系列经验性的不同。例如,最强烈的快乐是短暂的,最糟糕的痛苦则可能长久很多。比如性高潮就结束得很快。美食的愉悦稍久一点,但就算这种快乐是延长了的,也长不过几个钟头。而疼痛严重起来,可能持续数日、数月、数年。其实不只最绝妙的快乐,一般来而言,快乐往往都比痛苦短暂。慢性疼痛常有,却没有慢性快乐一说。的确有些人有持久的满足感、满意感,但那与慢性快乐不同。而且既然**不满足**、**不满意**能像满足和满意一样持久,这就意味着积极的状态在这一领域并不占优。实际上,积极的状态更不稳定,因为事情出错比不出错容易多了。

最坏的痛苦之坏,甚于最好的快乐之好。否认这点的人应该考虑一下愿不愿意舍弃一小时最欢愉的快乐换取免除一小时最恶劣的折磨。阿图尔·叔本华也提出过类似的观点,他让我们"设想一只动物正忙着把另一只吃掉,对比一下这两只动物各自的感受"。[35] 被吃的动物遭受的痛苦和损失,远甚于吃它的动物在这一餐的收获。

同样还要考虑伤病和痊愈的时间维度。受伤只需几秒,例如被子弹或炮弹击中,被人打倒或不慎摔倒,或是中风、心脏病发作。这些可以让人立刻失明、失聪、失去肢体活动能力或多年的习得。痊愈却是漫漫长路，很多时候还永远无法彻底痊愈。伤害到来只需一瞬，造成的痛苦却可能持续一生。就连较轻的伤病，发生得一般也比痊愈快得多。例如，普通感冒发作很快，而被免疫系统战胜则慢得多。症状在几小时内就会显现出越发强烈之态，却需要至少几天甚至几周才完全消失。

当然有些病症不会一下子让人衰退，过程是逐渐的，但如下病症，包括衰老相关的体质下降、痴呆、神经肌肉退化疾病、癌症发展导致的恶化等，多数都无法痊愈。即使有治疗方法，有些也仅仅是姑息疗法。即使有可能治愈，终究不能不与身体的衰弱斗争，胜负还不一定。况且有数十亿人根本无法获得任何实质性治疗甚至姑息治疗。

我们不要觉得逐渐衰退的现象仅限于生病，这实际上是正常人类生命最为典型的特征。经婴儿期、儿童期的成长，[36] 正常人在成年早期身体达到最佳状态。（有些方面的巅峰是即将进入青春期时达到的，许多坏事的祸根即在于此。）自此，从一个人二十岁出头往后，长期而缓慢的衰退就开始了。心智的衰退，有一部分会被人的勤奋、智慧的增长所掩盖、抵消。所以，至少就某些（但不是一切）领域的追求而言，人在专业上或整体上的心智巅峰只在人生的稍晚阶段才会达到。然而，至少在身体方面，一定程度也包括心智方面，有一种衰退毕竟在悄悄发生：头发白了或者开始掉了,皱纹出现,身体的很多部位松垮了,肌肉让位于脂肪,一如力量让位于虚弱,而视力、听力也开始下降。[37]

这漫长的衰退过程是人生的一大特征。起初,这种衰退难以察觉,但之后就变得再清楚不过。比如看看一个人从小到老拍的照片,你无法不为那种销蚀过程动容。充满力量与朝气的青年,渐渐变作虚弱衰朽的老者。此类系列影像毫无振奋人心之处。有些人可能会认为,衰退在早期阶段并不那么严重。如果这是说不像之后那么坏,那当然说得对,但这不代表衰退不存在。况且,衰退明显令很多人烦恼,而且有这种烦恼的不只是那些动用了染发、注射肉毒杆菌、做手术等种种美容干预手段的人。

形势对我们的另一个不利之处,在我们欲望的实现与偏好的满足这一方面。[38]我们的很多欲望无从实现。因此未实现的欲望多于实现的欲望。即使欲望实现了,也不是立刻实现,因此总有那么一段时间里欲望是没有实现的。有时候,这段时间较短(比如平常情况下渴与解渴之间的间隔),但若是更宏大的欲望,也许就要用数月、数年、数十年来实现。有些欲望是实现了,到头来却没有我们想象得那么令人满足。你想做某份工作,想与某人结婚,但一达到目标,就发现工作没那么有趣,或者你的另一半比你以为的更气人。

即使欲望的实现在各方面都符合预想,满足感也通常是暂时的,因为欲望的实现会产生新的欲望。有时这些新欲望依旧是同一类欲望。例如,本来吃饱了,但慢慢又饿起来,就又想吃东西。但在此之外,"欲望跑步机"(treadmill of desires)还有另一种作用形式。一个人若可以有规律地满足自己的低层次欲望,那么一个新的、要求更高的欲望层次就会浮现。故而那些无法供给自己基本需求的人,要整日为这些需求拼争,而能满足这些反复出现的基本需求的人,则会产生亚伯拉罕·马斯洛所说的"更高级的不满",[39]并谋求相应的满足。等到这个欲望层次也能满足了,寻求满足的渴望就会移至更高的一层。

生命于是就总处于拼争的状态。这种状态有时可以缓解,但拼争只到生命结束之时才会结束。况且应该很显然,这种拼争是为了达成好事,抵御坏事。其实有些好事也不过相当于从坏事中暂得解脱,比如吃喝是为了解饿解渴。也请注意,坏事不请自来,但人却须得努力拼争才能抵御坏事,达成好事。比如无知无须费力,而知识却通常要求努力。

就连我们的欲望与目标的实现程度,也制造出了一种误导性的乐观印象,仿佛我们的人生进展良好。这是因为,我们在形成欲望和目标之际,实际上进行了一种自我"审查"。这些欲望和目标,虽然有很多从不会实现,但有更多潜在的欲望和目标我们连形成都不会形成,因为我们知道它们不可企及。例如,我们知道我们不可能活几百年,也不可能通晓我们感兴趣的所有领域。因此,我们会设定不那么不现实的目标(即便其中很多仍是有点乐观了)。于是我们会希望自己按人类标准看是长寿的,希望自己通晓某个也许非常专门的领域。这意味着,即使我们目前的所有欲望和目标都实现了,若是与我们的欲望形式未受人为限制时的人生相比,我们现在的人生仍不够好。

要更深地洞察人类生命的劣质,可以想想一般有哪些特质被公认为构成良好的一生,也要注意,哪怕最佳的人类生命,拥有这些特质的量也极其有限。例如,知识与理解力被广泛认为是善品,人们也常常叹服(某些)人类拥有那么丰富的知识与理解力。然而遗憾的真相是,从毫无知识与理解力到无所不知这条光谱上,就算是最聪明、受教育最多的人,距离光谱不幸的一端也近得多。[40] 我们不知道、不理解的事比我们知道、理解的事多十百千亿件。如果说知识真是种好东西,而我们拥有的知识又是这么少,那我们的生命在这方面的状况就不是特别好了。

类似的,我们认为长寿是好事(至少生命在某个最低质量阈值之上时[41])。可即使最长寿的人类生命,终极层面上也属短暂。如果我们认为长寿是好的,那么活一千年(且充满活力)就比活八九十年好很多(若后者的最后几十年是一段衰退老朽的岁月就更是如此)。九十年距离一年比距离一千年近得多,距离两千年、三千年或更多年份则更远。如果长命在其他条件相同时好于短命，那么人类生命的情况就一点也不好了。[42]

我们未能注意到坏事在人类生命中占优，这不足为奇。我所描述的事实是人类（和其他）生命深刻而顽固的特征。大多数人类顺应了人的境况，因而未能注意到这种境况有多坏。他们的期望与评价根植于这条不幸的基线。例如，对长寿与否的判断，是相对于最长的人类实际寿命做出的，而不是相对于一个理想的标准。同样的道理也适用于知识、理解力、道德良善、审美能力。与此类似，我们总是预计痊愈的用时会比受伤长，于是我们对人类生命质量的判断就以此基线为准了，尽管形势在种种方面对我们不利本是生命的一件骇人事实。

"比较"这一心理特质显然也是因素之一。由于我所刻画的负面特征是一切生命的共性，所以这些特征几乎不影响人们如何评价自己生命的质量。无论对谁，最坏的痛苦之坏都甚于最好的快乐之好；无论对谁，痛苦都可能且经常就是比快乐持续得更长。无论是谁，都需要努力去抵御不快之事，追求好事。因此，人们在对比自己与他人的生命并以此评判自己的生命质量时，往往忽视类似这样的特征。

这一切都是在乐观偏差的背景下出现的，而我们既受这一偏差影响，本就倾向于多关注好事，少关注坏事。我们没能注意到人生有多坏，但这无损于我对"坏远多于好"的论证。假如痛苦短暂，快乐长久；假如快乐之好远甚于痛苦之坏；假如我们极难受伤生病；假如真有伤病来袭也能很快痊愈；以及，假如种种欲望能即刻满足，且没有新的欲望取而代之——那么，人类生命就远比现在更好。而假如我们能身体健康地活上数千年，且比现在明智得多，聪明得多，道德水平高得多，那么人类生命也能比我们现在好得多。[43]

世俗的乐观神正论

人的乐观态度很顽强，不会在证据面前退缩。无论你为乐观偏差之类的心理特质提供多少证据，无论人类生命质量极差这一点有多少证据，多数人都会持守他们的乐观看法。有时候，这种乐观态度至少一部分展现为宗教信仰，[44]如此信仰之人会声言上帝及其造物的善好。这一类宗教性的乐观态度常常受到"基于恶的论证"的质疑，该论证认为，全知全能全善的上帝的存在，无法与世间存在的大量的恶相容。神正论是一种乐观态度的做法，它设法使上帝的存在与这样的恶相协调。然而有许多无神论者，一面批判神正论，一面自己又致力于一种世俗的神正论，即试图使自己的乐观看法与人之境况的诸般不幸相协调。

世俗神正论有许多种。最常被提起的一种认为,生命中的坏事是必要的。例如有人提出,如果没有痛感,我们会遭受更多伤害。的确,先天性无痛症患者会以种种方式无意间伤到自己,例如握住危险的过热物体一直不放手,或无约束地使用某个实已骨折的肢体。由于缺少痛感,这样的人对危险毫无警觉。

也有人提出,生命中的坏事对于体会好事或至少充分地体会好事而言,是必要的。根据这一看法,我们能够(在我们目前的程度上)享受快乐,全是因为我们也能体会痛苦。类似的,须得努力方能取得的成就会更令人满足;欲望的实现对我们就更有意义,因为我们知道欲望并不总能实现。

这样的论证有很多问题。第一,这样的说法不总是真的。很多疼痛并不服务于有用的目的。例如,分娩的疼痛和慢性病造成的疼痛没有什么价值。虽然肾结石引起的疼痛也许会使人去寻求医疗帮助,但在人类史的大部分时间里,这样的疼痛没有什么目的,因为那时候谁对肾结石都毫无办法。[45]再者,至少有一些快乐是我们无须体会痛苦就能享受的。例如,鲜美的味道就不要求任何痛苦或不快的体验。与此类似,很多成就即使较少涉及或全不涉及拼争,也可以令人满足。成就若能轻松取得,也许倒有种特殊的满足感。这也许有一定的个体差异。或许有些人更能在无须体会痛苦的情况下享受快乐,更能因轻松取得成就而满足。

第二，就算生命中的好事确实要求某种对照才能被充分体会，仍然看不出这种体会要求目前这么多的坏事。例如为体会生命中的好事，我们并不会要求数百万人蒙受慢性疼痛、感染病、渐进性瘫痪及肿瘤之苦。我们对自身成就的享受，本身并不要求我们在取得成就上如此费力。

最后且可能最重要的一点是：即便生命中的坏事确实有其必要，但若与坏事并无必要时相比，仍是我们目前的生命状况更坏。某些真实存在的以及设想中的生物，其伤害性信息（某种特化神经）的传导通路能探测并传递伤害性刺激，由此引发躲避，而无须由疼痛调节。植物和简单动物机体即是这样，人类这样较复杂动物体内的反射弧也是这样。[46] 同样可以想象另一些远比人类更为理性的生物，它们的伤害信息和厌恶行为则由一种理性官能来调节，同样不依靠感受疼痛的能力。这样的生物会接收到伤害性刺激，但不会有所感受（至少不是以疼痛的方式去感受），该生物的理性官能也能像疼痛一样可靠地诱发回撤行为。身为那样的生物，会比身为我们这样的生物好很多。与此类似，若一种生物无须经历坏事或无须十分努力求取就能体会生命中的好事，那么成为这种生物也是更好的。"一切收获，皆伴痛苦"[47] 的生命，与能做到"同等收获，却无痛苦"

的生命相比,差得多了。

第二种神正论在这里接了上来。它坚称,我用来评判人类生命质量的完美主义标准陈义过高,并不合适。这类批判的一个版本说,在确定对人类来说何者为好的时候,我们必须采取一种人的角度,而不是所谓的宇宙角度。[48] 说来,当然在某种意义上,的确需要考虑人类是什么样的生物才能确定对人来说什么是好的。例如,考虑到我们是陆生动物,把一个人淹没在水里(且不提供呼吸设备)对这人就是坏事,尽管对一条鱼不是坏事。但我们可以说,假如人是淹不死的,意思是不仅能在空气中呼吸,也能在水中呼吸,那一定会更好。

这里还有第二种神正论的另一个版本常获援引。它声称,人类生命在保持为人类生命的同时能变得多好,是有约束的。一种生物若不仅能在空气中呼吸,也能在水中呼吸,那就不是人类了。无痛的生命不是人的生命。我们同样不该用全知全善的标准衡量人的知识、理解力和良善程度,因为全知全善的标准不是人的标准。全知全善的存在者不是人,是上帝。

上述版本的论证同样不能令人信服。其问题在于,它是一种拜人类教。要认识到这点,我们得从感情上拉开一点距离,所以不妨不考虑人类,而考虑一个想象中的物种。这个虚构的物种可以称为"不幸人"(*Homo infortunatus*),其生命质量比大多数人类更悲惨，但他们的生命并非毫无快乐或其他好事可言。现在请想象，他们当中有位悲观的哲学家观察到了他们的生命状况何其恶劣不堪。他还指明了本可能有多么好的状况，例如在那种状况下，他们能活八九十年，而不是只活三十年；那种状况下，他们只在每天三次规律进餐之间会饿，而不是几乎一直处于饥饿状态；那种状况下，他们一年只病一次甚至更少，而不是每周都生病。在回应上述观察时，这个物种中占绝大多数的乐观成员会反驳说，假如他们的生命像那样变得更好了，他们就不再是不幸人了。但即使这一点观察为真，也无损于如下主张，即不幸人的生命很惨。毕竟，去问一个特定物种的生命质量有多好，有别于去问：过上好很多的一生，是否与身为这一物种的成员相容。也许，倘若我们的生命质量比目前这样好**很多**，我们就不再是人类，但不能由此得出人类生命的质量是好的。

去过人类的一生，还是去过更好的一生，这个选择目前还是假设，但未来或许会成为现实。而在此选择人类的一生，显出的是对人类的一种搅扰心智的过重感情，实质上是觉得做个人类比拥有更好的生命质量更重要。但对于成为人类而非其他物种的价值，一般提出的理由似乎也隐含着一点，尽管我们通常没有察觉：过更好的一生比过人类的一生要好。例如，多数人类认为，像智人这样认知能力较高，比像直立人那样认知能力较低更好。这个判断背后的逻辑大概就是,认知能力强比认知能力弱要好。但这个逻辑还支撑一个更进一步的判断:要是能有超人物种那样更强的认知能力,就更好了。

抵挡这个隐含结论的一个办法是说认知能力有个"恰到好处"(Goldilocks)的水平。按此看法,拥有太少是坏事,拥有太多也是坏事。(大概是因为太强的认知能力要么会让人看得太透,从而不快乐,要么会把人的破坏性提高到无法接受的地步。)恰到好处论的麻烦在于,纵使认知的精深程度存在某个最优水平,认为这就是智人的水平,也是过于方便、太不可信了。

有些人坚信人类在这一特质上有最优水平,对他们很难证明上述观点。不过也请考虑到,人类更强的认知能力使人类的破坏性远大于其他人科动物乃至灵长目动物。认知若能更为精深,或可遏制这种破坏性,例如让人类的思考与行动更为理性,可这种精深程度又是人类所缺乏的。也许有人会回以这样的论点:虽然人类在认知上更精深会减少破坏性,但有了更强的认知能力,人类会获得对人的困境难以承受的洞见,这会使人更不快乐。但既然人类已苦于这种烦忧(angst)久矣,可见人类的认知能力或许已经过高,而不利于自己的快乐了。

上文中,我把认知能力称作一个特质。但它其实是一组特质系统。声称人类拥最优的认知能力整体已经难以置信,更难置信的是就认知能力的某些组分来做此声称。试想计算能力。平常人类要是有比目前更强的计算能力,那会更好,至少在提高计算能力不会降低其他能力的情况下会更好。

更难论证的是人类在其他属性的程度范围中也处在恰到好处的位置。例如很难捍卫的一个看法是认为人类的道德良善处于最优程度,因为这好像意味着,假如人类更加道德,反倒是坏事。这个看法即使不算荒谬,至少也十分令人难以置信。

不是所有乐观者都信奉拜人类教。某些提倡人类改良的人会想象并乐于接受"后人类"的未来场景:那时人类将得到(身体、心智及道德上的)极大改良,乃至于再也看不出是人类。这些超人类主义的提倡者认为,比起让改良后的未来生命仍保持为人类,还是提升生命质量更重要。

虽然有很多人反对这种改良,认为它不明智或不道德,我却不是这种决然反对技术改良的人。如果要在低生命质量与高生命质量之间选择,后者自然更可取,即便生命质量更高的生命不再能归为人类。当然,任何改良都要服从通常的道德约束。例如,要冒着造成严重伤害的很大风险完成的改良,可能会与道德约束相抵触。人们是否有公平的机会使用改良技术,也该予以关注。但是,这些都不足以推翻超人类计划。

虽然超人类主义者并不执着于一个生命是否属于人类,但他们也持有另一种世俗的乐观神正论。他们相信有可能做出的改良不仅能提高生命质量，还能把它提高到称得上"好"的地步。我们或许会说他们对改良的"拯救"或"救赎"力量抱有信念。人类也许没有"堕落"，但仍很低级。不过如此观之，好消息是，到了未来的"弥赛亚"改良纪元，情况会好很多。[49]

有人批评这种看法太乐观，批评的角度通常是说他们盼望的改良不太可能实现（或不太可能在他们提出的时间框架内实现[50]）。言下之意，就何种改良是可能而言，提倡改良者在夸大其词。依此种批评，认为人的寿命可以大幅延长，或认为人类认知能力可以极大改进，这些看法都乐观到了幼稚的地步。

但即使我们假定超人类主义在这方面没有过度乐观，它在其他方面却过分乐观了。它假定，进行预期的改良后，生命质量会是（足够）好的。这个假定有问题。虽然生命质量确会**变好**，但不能肯定它变好到了就称得上"好"的地步。[51]例如，健康寿命比以前长很多，这是变好了，知道得比我们现在多很多，这也是变好了，但就算生命在这些方面及类似方面有所改良，也远非理想。我们仍旧会死，无知之处仍旧远远多于知识。[52]

上述两项对乐观主义的指责是相互配合的。关于能做何种改善的主张越是抱负远大，就越容易遭受第一种反驳，即所构想过于乐观。另一方面，关于能实现什么的主张越是谦逊，相

质　量　103

关看法就越容易遭受另一种指责，即所谓的改良仅是对艰难生命的一点抚慰，而非伊甸园的许诺。

结语

人类易于制造乐观的幻觉，这些幻觉确实使人类生命比起没有它们稍稍不坏了一点。这个意义上，这些幻觉对人的困境有一点减轻，至少对怀有这些幻觉的人而言是减轻了。比起没有这副玫瑰色眼镜的情况，生命质量给人的感觉毕竟不那么差了。至于这是不是支持了对人的困境应予以乐观回应的论证，我将在最后一章详述。眼下我们只须注意到，减轻困境并非逃脱困境。即使配备上各种乐观的应对机制，人类生命的质量也不单比大多数人认为得要差，而且实际上就是非常糟糕。人的一生尽管不是每分钟甚至每小时都这么糟糕，毕竟轻松愉悦的时刻是有的——但整体来看，人的境况毫无可羡之处。

第 5 章

死

Vita nostra brevis est

Brevi finietur.

Venit mors velociter

Rapit nos atrociter

Nemini parcetur.

人生苦短，

匆匆结束。

死亡将至，

催命不留情，

无人幸免。

——《这短暂的生命》，又名《让我们欢乐吧》

(*De Brevitate Vitae*, or *Gaudeamus Igitur*)

引言

说人讨厌自己会死,这是极大的轻描淡写。*人终有一死,这吓到很多人,但更多的人耗费大量精力来抵挡死亡。诚然,这些精力,有一部分指向中介性目标,如摄入营养、水分之类,达成它们本身就令人满足,但也有令死不致迫近的效果。考虑到我们的演化史,许多避死之法能给我们满足之感,这不足为奇。

其他在演化上根深蒂固的生命自保本能,则没有这样明确的奖赏作为中介。在生命的一众艰险组成的群岛中,我们的航行时而自觉,时而不自觉。例如过马路时,我们会注意来往车辆,避开它们的行驶路线;遇到蛇,我们会跳开;有炮火或者其他发射物袭来,我们会俯身躲避;房子着火,我们会逃走;到了悬崖边,我们不会往下迈步。

厌恶死亡并不只是本能。当被明确问到时,人们一般会说,

---

* 这是本书截至目前最长的一章。希望少读一些的读者,应参看本书开头的"阅读指南",其中有跳读建议。——原注

死是他们极其渴望避免的命运。常人对死是那么厌恶，即使代价巨大，也常要避开它。虽然死能让人类从无数容易陷入的活地狱中解脱，但即使对死的厌恶延续了人的苦难，人抗拒死亡的程度一般而言还是非同小可。当一个人（最终）拿定主意，认为解脱更好，这时他/她通常还是认为两恶相权，死属较轻。换句话说，人不**求**死，但唯有死能让人得到人之**所求**：从存活下去的种种可怕情状中解脱。

既然人们能够也的确会走到这个地步，这表明，至少对多数人而言，死并不是**最坏的**命运。但死仍被视为糟糕的命运。死也是对我们每个人来说**确定的**命运。本杰明·富兰克林说过这么一句话，想来是开玩笑吧："世上没有什么可以确定，除了死亡与税赋。"[1] 他只说对了一半。世上有避税之地，但不幸的是没有避死之地，躲去哪里都避不开。这一点尤其不幸，因为无论人们怎么抱怨要交税，死毕竟比税坏得多。我们每个人都会死，我们都带着这种觉悟过活。我们都会死，对这一事实我们无能为力。一个人可以选择加速（或不推迟）自己的死，就此而言，有时候还可以选择死的方式。但是，一个人不能选择不死。

终有一死这一确定的前景使得我们在劫难逃。这样一来，死听上去像是人的困境的一部分。有些人也许会奇怪这怎么可能，毕竟我已经论证了人的困境包含人类生命的低质量以及我们在宇宙层级的渺无意味。如果说那样的一生是种困境，为什么结束那一生不是被解救出困境呢？

理由之一是真正的困境本就难解，而人的困境很可能是这类困境的典型。如果某人处在某困境当中，而这个困境又有一个毫无代价（或代价不大）的逃脱之法，那么此人其实并未真正处在困境当中。比方说，某人划船进小溪，结果折了桨，但他备有一部尾挂发动机，那么船进小溪折了桨就不是真正的困境。真正的困境，十分惨痛的困境，没有容易的解法。死也许会解救我们脱离苦海，但我下面要论证，毁灭是一种代价极大的"解法"，只会加深困境本身。

况且，死并不解决我们没有宇宙性意义的问题。实际上，正如我在第3章所论，我们会死这一事实是构成那种无意义的因素之一。谁若能不死，就没有必要追求某种在他消失后仍能长存的目的。死就是停止存在，但我们在宇宙层级的渺无意味并不会因此停止。

再者，在我们的生命确有意义的情况下，无论是某人自己死去，还是同处世间、视此人的生命富有意义的他人死去，这些通常都对生命的意义构成威胁。比如说，某人的生命若是因为与家人朋友的关系而有某种意义，那么死既然阻止了这些关系的延续，通常也就威胁到了意义。同理，教小孩子，看护病人，创造艺术作品，推动科学进步，这些活动带来的意义在一个人死后就不能继续产生，理由很明显：死阻止了此人继续这些活动。某人一生中创造的意义，也许会残余在后人对它们的记忆和它们对后人的持续影响中延续一阵。但是，后人迟早也会死，所以这些残余最终也会黯淡、消失。即使是最宏大的世间意义，最终也会荡然无存。这也许要经历更长的时间，但意义终将不复存在，说到底，毕竟人类终将灭绝。

这不是要否认，某些情形下，死至少在某些方面对世间意义有所增益。这是指如下情形：某人为（高尚的）事业而死，若不付出这一代价或许不能(更好地)服务于这一事业。约翰·布朗这位废奴主义者和烈士似乎就这样评价自己即将到来的死（刑），当时他说："对于我，被绞死的价值，较之其他任何目的的价值，都超乎想象地大。"[2] 为救更多战友而牺牲的战士，大概也可认为是以死为其生命赋予意义。[3]

但即使在这类情况下，死也不是人的困境的解法。死者的生命在宇宙层级仍然渺无意味，世间意义虽得到了一些，却失去了另一些，因为此人不再能产出若活下去则能产出的意义。况且这些死亡之所以能够实际产生这么多的世间意义，正是因为它们有高昂的代价，即赴死者的毁灭。

于是，全盘考虑之下，死不是人的困境的解脱，而是人的困境的进一步特征。

死是坏事吗?

然而,对死是坏事这个普遍的看法,哲学上有一种古老的质疑。这种质疑首先由伊壁鸠鲁派提出(下面我称之为伊壁鸠鲁式论证),又经后世哲学家发展。这种质疑认为,死**对于死者**不是坏事。强调的这几个字表达的限定至关重要,因为没有人想质疑一个人的死对于丧失亲友的家人、朋友是坏事,对因此人离世而痛苦的其他在世之人(或动物)是坏事。

伊壁鸠鲁式论证并不主张,理解为"死去(过程)"〔(the process of) dying〕的死,对于死者不是坏事。这个意义上的死有可能很糟糕,充满痛苦和耻辱。这一点在死去的过程被拖长时尤甚,例如因癌症或渐进性瘫痪而死的人常是这样。伊壁鸠鲁式论证真正主张的是,"死亡状态"(being dead)对于死者不是坏事。

有时候,死对于死者是不是**坏事**的问题,被表达成了死对于死者是不是一种**伤害**。但这是两个不同的问题。虽然对伤害的某些阐述涉及了"坏",或者更常见的是,涉及了使某人"状况更坏"(worse off),但"伤害"与"坏"不是同一个概念。按理说，什么构成伤害比什么构成坏事的争议还要大。幸好，我们不必去对付死是否伤害了死者这一争议更大的问题。要让死成为某人困境的一个要素，只需要死对那个人是坏事就足够了。这才是我要关注的问题。

死对于死者不是坏事，这一结论有几种论证可以支持，不过我们先来考虑伊壁鸠鲁本人为支持这条结论所说的话：

> 要习惯这样的信念：死对于我们不算什么。因为，一切好与坏都在感觉之中，但死就是剥夺感觉。故而对死的正确理解即是死对于我们不算什么，这让有生即有死一事令人愉悦，这不是因为它为生命加上了无限延续的时间，而是因为它去除了对永生的渴望。因为，真正明白不活着没什么糟糕之处的人，他的生活中不会有糟糕的事。所以，谁要是说他怕死不是因为死亡来临时会很痛苦，而是因为预想到死就很痛苦，那他就是胡说了。因为，凡来临之际不带来烦扰的东西，预想它而产生的痛苦就是空洞的。所以死，这最糟糕的厄运，对于我们什么都不是，因为只要我们存在，死就不与我们同在；而死一旦来临，我们则不存在了。于是死既不关乎生者也不关乎死者，因为对于前者，死是不存在的，而后者则自身已不存在。[4]

在这段话里,伊壁鸠鲁建议了一种面对死的态度:漠然的态度。下文我还会回到我们对死应有何种态度的问题。眼下最相关的一点是,伊壁鸠鲁推荐漠然态度的理由至少有一部分在于,死对于死者不是坏事。而他对这条结论的论证,已有多种解读。

- 享乐主义(及其不满)

依照其中一种解读,伊壁鸠鲁所持的享乐主义假定似乎很关键。这个假定就是"一切好与坏都在感觉(sensation)之中",或更一般地说,都在"感受"(feeling)之中。[5] 这一假定认为,好感受是唯一一种**内在地**(intrinsically)**好**的东西,坏感受是唯一一种**内在地坏**的东西。这里要把内在的好坏跟**工具性的**(instrumental)好坏区分开。例如,某一事物在这种情况下就是工具性地好:它能带来另一个好的事物。而后面这个事物的好也许又是一个工具性的好,但这个链条最终一定会结束在某个内在地好的即本身就好的事物上。

享乐主义者并不否认感受之外的东西可以是工具性的好或坏。依此,某个本身不涉感受的事物,可以依据它是否带来正面或负面的感受而判断它的好坏。例如,接触致癌物可能不会当即产生负面感受,但可以判定接触致癌物是工具性地坏,因为如果因此得了癌症,病痛发作,就会带来负面感受。

我接受"死终止一切感受",也认为我们都该接受这一假定（它与某种可能的来世观相反）,依此,死者不可能有任何感受。由此再结合对内在价值的享乐主义假定,就能推出,对于死者,没有什么会是内在地坏（好）。

对伊壁鸠鲁式论证的这一块,一种常见的回应是质疑享乐主义假定,并主张,感受并未穷尽一切可以内在地好或内在地坏的事物。请考虑如下例子：你的配偶跟别人做爱,对你不忠。但这件事做得你全不知情（我们可以想象你足够天真好骗,或者你的配偶在蒙蔽你一事上超级狡猾）。此外,你的配偶还与你保持通常的性关系,而在跟婚外情人一起时,十分注意使用屏障避孕措施,以免你染上性传播疾病——在无保护的情况下,配偶或许会把情人的病传给你。

在很多人眼里,你配偶的露水情缘对于你是坏事,尽管没带给你任何坏的感受。如果这一点成立,那么也许死对于死者就有可能是坏的,尽管没有带来坏感受。有些享乐主义者禁不住会回应说,就配偶不忠的情况而言,你毕竟**有可能**发现实情,因而体验到负面感受（即使事实上你没发现）,但就死而言,没有办法让你死后体验到负面感受。批评享乐主义的人则再回应说,我们可以构造一些例子,说明的确有不会带给你任何负面感受的坏事。也许你在战场受了致命伤,躺在地上,意识清醒,但奄奄一息，此时你的配偶正在几千公里之外和你最好的朋友交合。这件事，你在死前都无法知情（想象力丰富的人会开始揣测诸如即时通信、手机短信之类，但这些人应该想象这件事发生18世纪，那时通信是很慢的）。

享乐主义者当然可能咬下子弹*（就是那颗在远方战场上击穿你身体的子弹），否认你配偶的不忠在你永远不会发现的情况下对你是坏事。这个观点能推出一些古怪的结果。例如，请考虑这么一种假想情形：你**真的**发现了你配偶的不忠。你的配偶会主要遭到什么控诉：是（a）你的配偶不忠，还是（b）你的配偶太大意，因此被你发现了？应该是前者正确，但在咬下子弹的享乐主义者看来，对你而言真正的坏事不是配偶不忠，而是发现配偶不忠。给不忠搭配上更好的蒙蔽，对于你就不是坏事了。托马斯·内格尔提出过类似的观点。他说："顺理成章的看法是，发现自己遭到背叛令我们不快，是因为遭到背叛是坏事；而不是，遭到背叛是坏事，是因为发现它会令我们不快。"[6]

所以，对伊壁鸠鲁式论证的一种回应是，否认享乐主义是对内在价值（或幸福）的正确阐述。也许我们会认为，对何为好坏的问题，更宽泛理解才更妥当。换句话说，也许，负面感

---

* 此处直译了原文 bite the bullet，其意思是"硬着头皮对付"。——译注

受不是唯一一种内在地坏的事物。也许，一个人的欲望和偏好（如配偶忠诚或生命延续）得不到满足，同样是内在地坏，无论这种得不到满足的情况是否导致负面感受。不然，或者说此外，也许就有那么一些事情（如遭到背叛、蒙蔽或欺骗）是坏事，而之所以如此，与你是否有相关的偏好无关，与这些事情会不会引起坏的感受也无关。我们倘若接受一种不局限于正面、负面感受的内在价值观念，也许就会认为，虽然死终止了感受，但死对于死者仍可能是坏事。

● 剥夺论

还有另一种对伊壁鸠鲁式论证的回应——**就连**接受伊壁鸠鲁派享乐主义的人，也可采取这一回应。这一回应认为，死（对于死者）之所以是坏事，是因为死剥夺了那人本可以在未来拥有的好东西。这就是解释死之为坏事的剥夺论，它与何物具有内在价值这一问题上的各种看法相容。对于接受享乐主义看法的人，死之所以坏，（显然）不在于死涉及任何内在地坏的感受，而在于它剥夺了死者当时若是未死则会在未来拥有的好感受。

对于那些在何物具有内在价值这一问题上持更广泛看法的人，死也能剥夺另外那些内在之好里的某一项。例如持欲望/偏好满足观的人，会把欲望或偏好的满足看作内在的好。[7] 依这种看法，谁若是有一种完成自己平生代表作的偏好，却又在完成代表作前死去，那么死就剥夺了这人的一项内在之好，当然这只是一个例子。还有很多其他偏好的满足也都遭到死的阻止——且包括不死的偏好！死剥夺了我们对这些欲望和偏好的满足。

按照（至少某些）所谓的客观清单理论，重要筹划的完成或许也能看作客观之好。所以，按照这些理论，在完成重要筹划之前死去，或许能看作某种对内在之好的剥夺。

无论你对幸福持什么看法，按照剥夺论，死都是坏事，因为它从死者那里剥夺了后续生命中本可包含的好处。然而有时候，更长的生命中要么不包含好处，要么包含的坏处太多，无法被任何好处相抵。这种状况下，剥夺论意味着死不是坏事，或至少在全盘考虑之下不是坏事。

由剥夺论推出这一点，不算难以置信。无论一个人对幸福持什么看法，生命质量终归有可能（变得）差到一定程度，差到死比活下去更好。至于用自杀或安乐死来应对这种状况是否恰当，那是进一步的问题——我会在第 7 章考察自杀问题。我们目前要认识到的是，死并不总是剥夺了我们的净好处，还要认识到，固然剥夺论可以推出死在某些情况下也许实际上更为可取，但这一推论似乎不是剥夺论的缺点，反倒可能是优点。

- 毁灭

虽然剥夺论广受支持，但我们不应假定死对于死者是坏事这一点只能有一个理由。死之为坏事完全可能有多个理由。至少有时候，死之为坏事可能是多元决定的（overdetermined）。

我们应考虑这样一种可能：死之所以坏，很大程度上是因为它毁灭了（annihilate）死者。死是坏事，不仅因为它剥夺了一个人本可以在未来拥有的好处，还因为它**抹去了**（obliterate）这个人。换句话说，我们不只对活到以后会拥有的好处感兴趣，我们对存活下去本身就有兴趣。死能剥夺我们的好处，也能挫败存活下去的兴趣。

这不是说存活下去的兴趣强大到了令存活下去始终符合一个人的总体兴趣。我的提议与如下看法相容——实际上我就持这一看法：某些状况下，死不如活下去更坏。我要提议的只是一点：人一死，失去的不只有本可以在未来拥有的无论什么好处，还包括存活下去本身，而人对存活下去是单有一份兴趣的。

即使这样澄清，有些人还是会怀疑我的提议。这些人会争论说，**仅当**毁灭一个人会剥夺他本可以在未来拥有的好处，毁灭此人才是坏事。他们最多会让步说，即使在全盘考虑之下死不是坏事，有时候死仍可以**部分地**是坏事，但那仅限于死剥夺了那个人**某种**好处的情况，而在全盘考虑下他的未来仍是坏的。

无疑，死可以像这样，既在总体上更为可取，又在某方面是坏的。但我主张的比这更为广泛：我想说，死所以坏，有着深一层的解释，而这深层解释是，一个人的毁灭是一种独立的坏。

这一点当然很难**证明**，但还是有几项考虑能支持它，即使其中某些不足以服人，这些考虑加在一起的分量仍使这一立场至少言之成理。我会详细说明某几项考虑，但我还会表明，剥夺论有一些有帮助的应用和推论，这些都对剥夺论有利。

首先，为了解释毁灭是独立于剥夺的另一种坏，我们可以再讲几句。我们从死者的角度来考虑是否存在某种剥夺，而死给这个角度的拥有者带来的是完全且不可逆的终止。一个存在者的毁灭，也许不是其**最坏的**命运，但毁灭看起来无疑含有一种非常重大的损失，即自我（self）的丧失。每一个个体都可以用第一人称说："我的死把我抹去了。我不仅被剥夺了未来会有的好东西，连**我**也被毁掉了。我如此在意的这个人，再也不存在。我的记忆、价值、信念、角度、希望——我的这个自我——就要终止，永远地终止了。"（担忧一个人的毁灭，不必限于这人自己。他人也能认识到这种毁灭的坏处。）

我不是在发明这种忧虑。毁灭似乎在人对死的担忧中占了很重要的一块。如果问人们为什么不想死，那么听到这方面的回答至少跟听到剥夺论的解释一样频繁。人们对不死的欲望非常强烈,而死挫败了这种欲望。

也许有人会说,这种对自我持续存活的关切不过是种根深蒂固的本能,有古老的演化起源。因此,它是前理性的(pre-rational)。就这种本能而非对它有意识的合理化而言,它和那些最缺乏复杂性的生命形式没什么两样,都有强大的自我保存欲。

然而**前理性**不意味着**非理性**。[8] 实际上,要是一个从利弊角度进行评价的人(a prudential valuer)只关心他被剥夺了什么,不关心被剥夺者本身的存在,那倒显得奇怪。利弊角度的评价,即是从自我本位的(egoistic)角度评价事物。什么东西对某人自己——其自我(ego)——好还是坏,这是一类自我本位的考虑,但自我本身的存在也是一种好,自我的毁灭也是一种坏。[9]

说自我(self/ego)的毁灭对于死者是坏事,并不承诺一种在形而上学方面有争议的看法,即存在某种本质性的自我,它毫无变动地持存于某人一生的全过程。相反,此处涉及的自我感完全与另一种看法相容,即(利弊角度上)真正重要的不是个人同一性(即严格的、数目上的"同一"),而是心理上的连续性(continuity)或连接性(connectedness)。[10] 毕竟,是一串心理上相接的状态构成某人的一生,而无可更改的毁灭会终止这串状态,对此,一个从利弊角度进行评价的人会感到遗憾。

毁灭之坏,也可以从弗朗西丝·卡姆的"空档人"(Limbo

Man）[11]那里获得支持，这样一个人宁愿"先昏迷，到之后的某个时刻再拥有生命中一定量的好处，这样推迟这些好处"，[12]而不是立即拥有这些好处然后死去。换句话说，空档人要在两种生命选项中做出选择。两者都包含同样多的好处，因此需要选择的不是剥夺更多一点还是更少一点。相反，要做的选择在于，究竟是不间断地活下去，还是进入昏迷状态的空档，推迟拥有之后的好处。后面这种选择的好处就是推迟了毁灭的时刻。

说来，对这种空档的偏好并非一切情况下都合理。比如说，假如昏迷的时间特别长，醒来之后像里普·凡·温克尔*一样，发现爱人已经去世很久，世界已经完全变样，让人找不着北，当初推迟掉的好处如今要么已全无可能再有，要么在坏处面前黯然失色——假如是这样，进入空档就没那么吸引人了。不过，我们完全可以设定事情不是这样。也许你的爱人一同进入空档，也许你很容易就能适应新世界。并且，如果空档之后的生命短暂到一出空档人就毁灭，那空档也不会特别有吸引力。但是我们一样可以设定事情不是这样——可以设定，推迟掉的是生命中很长的一段。这种情况下，很多人也许都会有空档人的偏好。只要人有

---

* 温克尔（Rip van Winkle）是美国作家华盛顿·欧文（Washinton Irving，1783—1859）短篇小说中的人物形象，设定为荷裔美国人，在山中沉睡了二十年。——编注

此偏好，似乎就是因为人们认为毁灭是坏事，最好能推迟毁灭。

还有一项考虑虽次要很多，但也能支持把毁灭看作死之为坏事的理由之一。这项考虑是：如此看待毁灭，是与我们对另一类对象之毁灭的判断相一致的（但不相同），这另一类对象就是没有利弊角度的价值但有其他种类价值的对象。如果**破坏**一个有价值对象是坏事，那么**毁灭**它——破坏走向极端——也是坏事。例如，如果对大峡谷或《蒙娜丽莎》的破坏是坏事，那么把这些抹去也是坏事。

这不排除一种可能：也许全盘考虑之下，把一件有价值之物彻底毁灭，比不毁灭它是更不坏的选择。也许某个仇恨艺术的人会威胁我们，不把《蒙娜丽莎》焚毁，就烧掉整座卢浮宫。同样有可能认为，有时候毁掉一件有价值之物不如破坏它那么坏（一种可能的解释是，让它以残破的状态存在下去，会使人时刻意识到价值的损失，而毁掉它就"眼不见心不烦"了）。但是，这样的想法并不削弱我的观点：摧毁是一种破坏，所以若破坏是坏事，则摧毁也是，即使两恶相权，摧毁较轻。但即使毁灭某个有价值之物是所有选项里最不坏的，它也仍是一件憾事。

绘画作品没有利弊的价值，包括我在内的很多人也否认绘画作品有内在的道德价值，但（某些）绘画作品可以有某种价值。如果这些绘画作品被毁，某些有价值的东西就丧失了。若说一个人被毁灭不会丧失什么有价值的东西，那就很奇怪了。[13]

死之为坏事的一部分缘故在于死带来的毁灭，这种看法还受它隐含的一些推论的支持。例如这种看法隐含着：即使某人的未来不包含**任何的**好，即使全盘考虑之下死不是坏事，死仍在一个重要的方面对于死者是坏事。[14]这种情况下，死是两恶相权较轻的那份，而非实际上完全不是坏事。这种推论应该是正确的，下面我就来解释为什么正确。

有些人可能觉得难以想象死并不剥夺某人任何好处的情形。到底有多难想象，取决于你的幸福观。按享乐主义观点，想象这样的情形其实相当容易。设想一个人得了绝症，深受病痛折磨，根本不可能有一点正面感受。他的负面体验太剧烈太强势，积极体验则无从获得。再想象一下，避免这些负面感受的方式，除了死，就只有让此人失去知觉，而一旦失去知觉，正面的体验又基于另一个原因而不可能获得。这类情况再常见不过，此时（依据享乐主义观点），死并不剥夺死者的**任何**内在之好。

虽然在回应这样一个不幸之人的死时，我们往往老生常谈地说这是"一种解脱"，但如果我们真的相信"解脱"就是他的死具有的**全部**意义，即相信死对于此人**没有任何**坏处，那么合理的做法似乎是为他的死庆祝，而非哀悼。死者的亲友的确蒙受了损失。在此后的生命中，他们再也不能和自己钟爱的这位亲人或朋友交流。或许有人主张,我们（或说死者的亲友）哀悼的就是这份损失。但既然就算这人没有死也不可能进行有意义的交流,那么即使对丧失亲友的人来说,也难以看出此人的死何以值得他们哀悼——除非失去这个人本身就意味着什么。[15]

不接受毁灭本身可以是坏事这一想法的人,也许会回驳说,我们（为死者本人）哀悼死者,是因为只有他们死了,有一点才变得清楚：更好前景的希望没有了——对他状况好转的希望,对他在自己的未来中拥有正面价值的希望,没有了。

这个思路也许能解释某些事例,但解释不了另一些。毕竟在有些情形当中,明显整个状况都是无望的。请设想某人身患晚期癌症,已经转移,或是到了神经退行性疾病的最后阶段,生命即至尽头。考虑医学知识的现状及一切现有治疗措施,改善的机会虽然逻辑上并非不可能,但其实十分渺茫,抱有任何希望都彻彻底底只是迷途,近乎希望刚刚去世的人能立刻复苏到完全健康的状态。这样来看,希望的丧失并不总能解释我们为什么应该哀悼那些没有被死剥夺任何好处的死者。

也许我们在死亡发生后哀悼的是这一点：这个人病得太严重了,重到死都剥夺不了他任何好处。然而哀悼若是出于这一点,就有计时上的不合情理之处。哀悼的高潮理应发生在他受苦之时,发生在终于能明显看出死不会剥夺他任何好处之时。**那才**

是真正糟糕的时候。等到处于这种状况下的人死了,从痛苦中解脱了,这时倒该庆祝庆祝——除非认为死虽然更为可取,但仍是一件严重的坏事。我认为,这种坏就在于死者的毁灭。即使死是两恶之中较轻的一份,毁灭也是死的一个坏特征。换句话说,即使全盘考虑下死是最不坏的选择,还是**有点什么损失掉了**。

也许我们对这一事例的反应还有另一种解释。也许我们哀悼的是死者从此失去了意识。[16]如果把意识看成是一种独立于其内容的好东西,那么即使意识的内容不堪忍受,以至于全盘考虑之下,永久丧失意识也不那么坏——即使这样,意识的丧失也可能是件坏事,值得哀悼。这样解释全无不合情理之处,但看不出它与毁灭论有何不同。意识不可逆转的终止就是有意识生命的毁灭。(下文中,我会多谈谈"毁灭"和"死"的不同含义,并谈谈何以按某些解读,死和毁灭并不总是同时发生。)

针对我为"死之为坏事不单是因为它剥夺了死者的好处"这一点给出的论证,还可能有人这样回应:自我的丧失无非是死所导致的又一种剥夺而已。根据这种回应,死可以剥夺人的多种好处,其中之一即生命本身,由此便可得出,毁灭之坏仅凭剥夺论本身就能解释。

这样的(再)解读会使剥夺论支持我的主张,即死之为坏事,至少一部分理由在于死包含死者的毁灭。所以,就算死不会剥夺死者若活下去则会拥有的任何**其他**好处,它也仍然是坏事,因为死包含了死者的毁灭。也就是说,死仍是恶的,尽管是两恶之中较轻的一份。我的看法是,死是一种恶,因而是人的困境的一部分。至于我们究竟是把生命的丧失看作是又一项好处的剥夺,还是把它视为死可能导致的一切**剥夺**之外的深一层损失,其实没什么区别。那深一层的损失就是死者的存在的丧失。

- 死何时对于死者是坏事?

作为对伊壁鸠鲁式论证的回应,剥夺论即使得到了毁灭论的补充,仍然面临一些困难。拒斥伊壁鸠鲁享乐主义假定的人同样要面对这些困难。这是因为,至少根据某些解读,伊壁鸠鲁的论证还有一个要素:要使某事物对于某人是坏的,该人必须实际存在(于这种坏处发生之际)。这一主张有时称作"存在性要求"(existence requirement),[17] 伊壁鸠鲁的陈述即可解读出这项要求:"所以死……对于我们什么都不是,因为只要我们存在,死就不与我们同在;而死一**旦**来临,我们则不存在了。"

其中(隐含)的想法是,除非某人存在,否则此人不可能被剥夺任何东西,无论是正面的感受还是非体验性的好东西。[18] 同理,某人若不存在,那么任何坏的事物,无论是坏感受还是什么未必有体验成分的命运,都不可能降临于他。也就是说,但凡某人被剥夺，或但凡有什么坏事降临于某人，这个人都必须实际存在。只有对存在的人才有坏事可言。

存在性要求被很多（但非所有）拒斥伊壁鸠鲁式论证的人否认，这些人中，很多又都接受死之为坏的剥夺论解释。这些人否认某人必须存在才能有某事物对他是坏的。更具体地说，他们否认某人必须**在死对于死者是坏事的时刻**存在。问题是，否认了这一点，就必须努力解决以下问题：死何时对于死者是坏事？除了针对死以及（据称的）死后伤害的情况，通常来讲，若某事对某人是坏事，则不难陈述这份坏处降临于此人的时间。

请考虑一个例子：梅格的腿骨折了。那条骨折的腿对她是坏事的时间，是从骨折开始，到痊愈为止，或更准确地说，到受伤导致的其他结果也消失为止。[19] 但是，就死（及死后的伤害）而言，计时问题的回答并不简单明了。

但这个问题已经有了各种各样的回答。一如所料，每种回答都有一定的真理成分。有些情况下它们互相冲突，这是它们在回应问题的不同解读，或是在辨别死对于死者成为坏事的时间的不同要素。因此值得采取的做法是，先概述它们的基本立场、这些立场的吸引力以及对它们的常见反驳，然后再尝试吸纳每种观点的洞见，形成一种新的整体看法。[20]

"事后说"（subsequentism）：说死是在死亡发生**之后**成为坏

事的,这似乎很自然,至少与其他坏事的计时相一致。正如梅格的腿骨折一事是在骨折之后对梅格成为坏事的,或许我们也很想说,贝丝的死是在贝丝死后对她成为坏事的。但这种看法被认为有一个困难,就是它要求我们接受这样一点:尽管在死据说对贝丝成为坏事的时刻,贝丝已经不存在了,但死对于贝丝仍是坏事。

"事前说"(priorism):如果"死在贝丝不再存在的时候对于贝丝是坏事"这种说法显得奇怪,那么我们也许很想改换观点,认为死是在贝丝死前对贝丝成为坏事的。[21] 但这也显得奇怪,因为后来发生的某事怎么可能对先前存在的某人成为坏事的?有些人提出,一旦持这种看法,就承诺了一个可疑的形而上学主张,即"后向因致"(backward causation):较晚的某事物会导致较早的某事物。

"永恒说"(eternalism):第三个选择是,贝丝的死对于贝丝"永远"是坏事(即无论什么时候对于她都是坏事)。[22] 这里的想法是"当我们说她的死对她是坏事时,我们实际上在表述一个复合事实,关乎两种可能生活的价值之间的相对关系"——在一种生活中她此时确实死了,而在另一种生活中她会死得更晚——以及"如果这两种可能生活在价值上有高下之分……那么它们有这种高下之分"这一点不仅在贝丝存在时成立,在贝丝不存在时也成立。[23] 换句话说，贝丝在某一时刻会死（或死了）而不会（未）存活下去对于贝丝是坏事，这一点始终属实（假定生命若能延续则总会值得一活[24]）。有些人觉得永恒说不令人满意，因为这种观点虽然告诉了我们贝丝的死对于她是坏事这一点何时**为真**，但没告诉我们死的坏处是何时降临于贝丝的。[25]

"同时说"（concurrentism）：对"死的坏处何时降临于贝丝"这个问题，回答似该是"死亡发生之时"。[26] 就此而言，死与其他降临于人们的坏事有共同之处。虽然梅格的腿骨折对她是坏事，这一点永远为真，但这种坏是在她的腿骨折之时降临于她的（即使这种坏也延伸到未来）。类似的，贝丝之死的坏处也是在她死去之时降临于她的。

"无时间说"（atemporalism）：还有些人认为，好处或坏处降临于某人的可能性并不要求这些好处或坏处总能在时间上（甚至空间上）加以定位。[27] 托马斯·内格尔举过这样一个例子：一个高智力的人遭受了"一次脑部受伤，导致他心智状况回退，有如一个惬意的婴儿"。[28] 内格尔指出，即使这人得到精心照料，我们还是会认为这番命运是种不幸。但很难说出这种不幸到底是何时降临于他的。内格尔说，那个高智力的人在脑部受伤之后不存在了，而这个心智状况相当于惬意婴儿的人，在脑部受伤前并不存在。内格尔说，这一点"应该使我们相信，把能降临于一个人的好处和坏处都限定在可在特定时刻归于此人的非关系特性上,这种做法是武断的"。[29]

上述回应各有趣味,或许其中之一即属正确。不过,我想从上述回应中吸收一些洞见,考虑出一种新回应。尝试确定死何时对于死者是坏事的时候,有益的出发点或许是这样的事例,此时据伊壁鸠鲁派的看法,陈述某种坏处何时降临于某人没有特别的困难。请考虑梅格的腿骨折一例。对这个例子,我们可以这样说:

1. 梅格是当事人,腿骨折一事是坏事,是对她而言。
2. 腿处于骨折状态的时段,以及由腿骨折所致的任何(心理方面或其他方面的)负面效应持存的时段,是腿骨折对于梅格是坏事的时间。
3. 这一时段是从腿骨折开始的,尽管腿骨折的坏处明显不限于那一瞬间(这种坏在那一刻甚至可能没有被感受到,比如她当时失去了意识)。
4. 至少据某些看法,[30] 在梅格的腿处于骨折状态的时段中,腿的骨折对于她是坏事,这点一直(或说"永远")为真,即在腿骨折前、骨折的一刻以及痊愈后,都为真。[31]

这几点在图 5.1 中有直观的描绘。

伊壁鸠鲁派认为，我们可以辨别出腿骨折对于梅格是坏事的时段，因为那种坏存在于梅格存在之时。但如果把关注点从梅格的腿转向贝丝的死，我们就会发现后者不可能和前者一模一样，因为死有一项独一无二的特点：死终止了一个人的存在，领受死的坏处的存在者不复存在了。我们必须预想到，这种不同会要求我们以**稍许**有别的方式来分析死的坏处。更具体地说，若坚持存在性要求，即坚持要求：为使某事物对于某人是坏的，该人必须在该事物对其为坏的时候存在——这要么是排除了死能够是坏事的可能性，要么是要求以某种扭曲来保证死能满足要求（"事前说"也许就是这种扭曲的一个例子）。

但是，我看不出有什么理由把存在性要求当作一项要求。坚

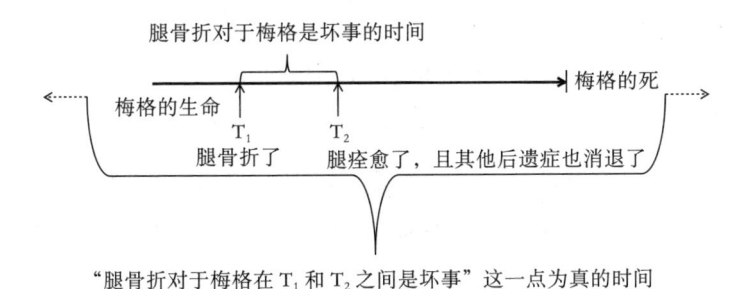

图 5.1 梅格骨折的腿

持认为对死的坏处的分析，必须与不像死这样独特的坏事完全一致，这是漠视了世界实际具有的某种复杂性，是为求概念齐整而不惜一刀切地认为相关差别必须消除。换句话说，我们面临如下选择：(a) 认识到死与其他坏事不同；(b) 不顾这种不同而坚持认为，除非死可以在各方面与我们通常对坏事何时为坏的分析相一致，否则死就不同于其表象，实际上不是坏事。

"聪明"人[32]也许更喜欢第二个选项，但我相信，第一个选项才属明智。之所以明智，理由很多，不过一个理由就是我们应该以差别回应差别，以精微回应复杂。

我们当中认为死对于死者是坏事的人，无须屈从伊壁鸠鲁派对存在性要求的坚持。在死何时对于死者是坏事的问题上，我们可以提出另一种解释，这另一种解释不预设存在性要求。与我们关于梅格的说法相应，我们关于贝丝可以有如下说法：

1. 贝丝是当事人，死是坏事，是对她而言。
2. 贝丝已死的时段，是她的死对于她是坏事的时间。
3. 这一时段是从贝丝死去的那一刻开始的，因而那一刻是死的坏处最初降临于她的时间，尽管死的坏处明显不限于那一瞬间（也明显不会被感受到，因为死终止了意识）。
4. 至少据某些看法，在贝丝已死的时段中，她的死对于她是坏的，这一点一直（或说"永远"）为真，即无论贝丝活着还是死去，都为真。

对这些说法的直观描绘，见图 5.2。

对前述种种关于死何时对死者是坏事的看法，上述这套说法均有吸纳。这套说法把死前的贝丝认作死的坏处所降临到的人。就此而言，它与事前说有**某种**共同之处。不过事前说想让坏处和坏处的受害者同时存在，试图以此来满足存在性要求，而我的看法在这里与事前说不同：按我的看法，死的坏处是死亡最初发生之时降临于某人的，并且死多久，坏处就持续多久。这一点和我们对其他坏事的计时相一致，也涵括了同时说和事后

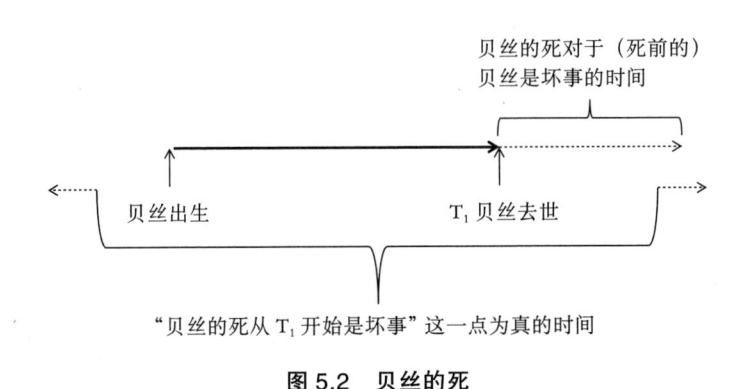

图 5.2　贝丝的死

说的元素。它像同时说一样,承认死的坏处最初降临于某人是在该人死去的那一刻。在那一刻,此人被毁灭,并被剥夺了本可在未来拥有的好处。不过,毁灭和剥夺不单单存在于某一刻,而是自此延续至永远,毕竟这样才叫被毁灭,才叫被剥夺了未来的**一切**好处。就此而论,我的看法认可了事后说包含的一条真理。我的看法还认可了永恒说的洞见,因为它承认(至少据某些看法),即使在贝丝死之前,她后来的死对她也是坏事。

换言之,我的看法只在一个方面与种种平常的坏事相悖,其余方面都相符。这唯一有别的方面就是死[33]与平常的坏事有别的方面。我的看法否认了:为了让死能够对于某人是坏事,这人必须在他死的时候存在。死之所以对于这人是坏事,正是因为死终止了他的存在,并剥夺了他若活下去则会拥有的一切好处。这个看法不牵涉"后向因致",因为无论是什么引起死亡,它都导致了这个人的毁灭及接下来的剥夺。因而,死的坏处是通过毁灭一个人而导致给这个人的。

● 对称性论证

死对于死者不是坏事这一观点还有另一个伊壁鸠鲁派的论证,一般认为是卢克莱修提出的。这个论证始于这样的观察:我们不会对我们出生之前那段自己不存在的时间抱憾。由此推出,对我们死后那段自己不存在的时间，我们应采取同样的态度。

我们不应太过字面地对待此处说到的"出生"，因为有充分理由认为，在通常所谓的出生（从子宫里钻出来）之前，我们就已经来到世上了。所以我遵循弗雷德里克·考夫曼的"有生前的（pre-vital）不存在"这一提法，也像他一样，把这种不存在与"死亡后的（post-mortem）不存在"对举。[34]

卢克莱修的论证和伊壁鸠鲁在他之前提出的论证一样，谈的都是我们看待死的态度。不过，我们可以把它解读为在死是不是坏事这一问题上的发言。如此解读之下，这个论证主张的是，因为我们有生前的不存在不是坏事，所以我们死亡后的不存在也不是坏事。

这个论证假定了一点：某人有生前的不存在与死亡后的不存在从评价的角度看是对称的。对卢克莱修的论证，除了完全接受之外，一种回应是接受他假定的对称性，但同时争论说，错的不是对死的评价，而是对有生前的不存在的评价。据这种看法，有生前的不存在对于尔后来到世上的人是坏事。如果这两个不存在时段是对称的，我们就能继续声称死亡后的不存在是坏事。

这种回应十分难以置信。卢克莱修认为有生前的不存在不是坏事，这完全正确。他错在为两个不存在的时段假定了评价上的对称性。这两个时段有至关重要的差别，而这种差别应使我们认为，只有死亡后的不存在是坏事。

与问题有关的差别（至少就坏事来说）不是我们本性难移地偏向于未来[35]，即我们担心尚未降临于我们的坏处，远甚于担心已然降临于我们的坏处。这个差别之所以与问题无关，是因为事情完全可能是这样：虽然我们有这种心理偏差，但某种坏处并不单单因为处在未来而非过去所以就更坏。要想表明尽管过去的不存在不是坏事，但未来的不存在是坏事，我们需要指向的不是看待这两个时段的态度，而是其他东西。我们需要表明，为什么死亡后的不存在确实是坏事，尽管有生前的不存在不是。

据说这样做会遇到的难题是，剥夺论似乎隐含了有生前的不存在**是**坏事，因为这剥夺了某人假如早些来到世上则会拥有的好处。当然，这要假定某人若更早来到世上会活得更久（或更好）。如果这仅仅相当于把同一生命周期往更早的方向平移了一下，那么实际上更晚出生就不会剥夺某人本可拥有的好处，[36]除非，更早出生会使此人生活在一个生命质量更好的时代。

对这个难题的一种重要回应是，虽然死的确对死者有所剥夺，但有生前的不存在并不包含什么剥夺。为此，针对成为一个特定的人意味着什么的问题，弗雷德里克·考夫曼做了很有帮助的区分："薄"解读和"厚"解读。依照薄解读，一个人（person）是某种"形而上学本质"（metaphysical essence），这个本质可以"是某副人类身体，某种基因构造，某个起源，脑，某个笛卡尔式灵魂，或随便什么东西"。[37] 如果我们采取这种"人观"，那么他说，的确有可能设想某人比实际上早很多来到世上，从而也就有可能认为他被剥夺了在那个更早的可能起点与他实际来到世上的时刻之间的好处。

但是，某人担忧自己的死时，一般来说担忧的是他"有意识的个人存在"（conscious personal existence）的终止，[38] 亦即带有其记忆、意识、依恋、价值、信念、欲望、目标、角度的那个存在者，终止了。这样一来，担忧的就是这种厚理解下的个人终止。

我们知道，担忧死，是在担忧厚意义而非薄意义上的个人终止，因为像永久昏迷这样的命运，虽然保存了人的形而上学本质，却终止了丰富的、厚的、传记性意义上的"个人"，故而这样的命运令人不安，与死令人不安的理由类同。[39] 例如，这样的命运剥夺了一个人本会拥有的好处。

若以这种厚方式来理解人，人就不可能**显著地**早于实际来到世上。这不是说一个人不可能**些许地**早于实际来到世上。请想象这样一个人：形成这个人的精子和卵子先是被采集，再冷冻一段时间，然后进行试管受精。这种情况下，此人来到世上的时间可能有一定的变动余地。然而，即使在这样的情况下，假如受精时间早很多，那也会产生另一个厚意义上的人。既然我们的传记性个人身份（personhood）产生于养育我们的人、他们养育我们时的条件、我们的兴趣与观点以及我们做过的事，那么我们每个人都不可能比实际早很多（或晚很多）来到世上。

那么，如果某人不可能比实际早很多来到世上，他就不可能（显著地）被他有生前的不存在剥夺。这与生命结束时并不对称。一旦厚意义、传记意义上的个人已经存在，那么假如这个人并未在实际死去时死去，传记就可以延续下去。这样一来，死就能对死者予以剥夺。

当然，一个人如果活得比他实际活了的时间长**很多**，他在人格上或许也会有显著的改变，改变大得可能会使后来这人在传记意义上与以前那人不是同一个。实际上，正因为这点，有些人会认为，虽然死能实施剥夺，因而是坏事，但永远活下去也不好。其中的想法是，死虽然坏，但它的坏终会失效。我在下一章会考察这个论证，讨论永生是不是好事。眼下，我们只须注意到，只有活得**特别**长才会招致这里所说的难题。把一个人的生命显著延长所引起的心理改变，多半不会比一般人类寿命范围内会出现的改变更明显。最最少，有些好处，有生前的不存在不会剥夺，而死会。因此，二者是不同的，卢克莱修的对称性假定是错的。

有生前与死亡后这两种不存在还在另一个方面不对称。如我之前所述，死是坏事，不仅因为死会实施剥夺，还因为死会实施毁灭。而有生前的不存在则不毁灭什么，也不可能毁灭什么。没有人抱持来到世上的兴趣。假如我们不曾来到世上，就不会有什么兴趣被挫败（我甚至主张，不曾来到世上其实更好，不过我不会在此重复这个论证[40]）。然而，我们一旦存在，就获得并抱持了继续存在的兴趣。这个兴趣可以被其他兴趣压倒，例如被免于比死更坏的命运的兴趣压倒。然而，某人一旦存在，至少就有了一个兴趣，即继续存在的兴趣，会被死亡挫败。[41]

说某人一来到世上就有存活下去的兴趣，这需要做一些限定。来到世上有多种含义。例如，一个人作为生物机体来到世上的时刻，不同于作为有感觉的生灵来到世上的时刻。说人一来到世上就有存活下去的兴趣，并没有交代"来到世上"的哪种含义与此相关。换句话说，它并不回答一个人何时获得了存活下去的兴趣。不需要解决这个问题，也可以接受这一点：对已经来到世上的人，死在某种相关意义上挫败了他们的兴趣（无论相关意义是何种意义）。[42]

有些人也许会奇怪我的两个看法怎么相互协调：既然不曾来到世上更好，停止存在怎么又是坏事？不曾来到世上更好的一个理由就是不用面对毁灭。不曾存在，就不承担毁灭的代价，停止存在却承担这个代价。存在还承担了无数其他代价，包括对生命质量的种种侵犯（第4章讨论过），以及"有意义"这一状况在不同程度上的缺失（第3章）。如果不曾存在，就能免受这一切代价。既然来到世上，其中的许多代价就无可逃避，另一些也很容易发生。这就是为什么不曾来到世上更好。这些存在性负担，死仅能解脱一部分。因此，虽然死使我们回到不受某些命运——如身体和心智的痛苦——侵扰的状态，但这要付出巨大的代价。死能剥夺我们的某些好处。死还会挫败我们存活下去的兴趣。死会抹去我们。

- 要认真对待伊壁鸠鲁派吗？

伊壁鸠鲁派认为死对于死者不是坏事，我们有很好的理由拒斥这一看法。然而我们不能说伊壁鸠鲁派的观点被驳倒了。这种观点仍然相当有力地挑战了"死对于我们是坏事"这一流行看法。以前曾有、现在仍有很多哲学家认为，最佳的论证都支持了而非动摇了伊壁鸠鲁派的看法。他们是少数，不代表他们错了。

从实践角度说，我们总要对死是不是坏事形成某种看法，即便是一个暂时、初步的看法。若出现更好的论证，原则上还可以改变看法。对这个问题持不可知论也许在某些情形下可以接受，但在其他很多情形下，我们无论怎样总得做出决定。

为此，考虑一下接受伊壁鸠鲁派看法的后果会有帮助。首先，对**无痛的**谋杀有多坏，我们要改变看法。的确，这类谋杀会影响到在"受害者"死后继续生活的人（如果我们是伊壁鸠鲁派，那现在就有必要加上着重引号，因为要是没有什么坏事发生在某人身上，某人就不可能是受害者）。但是，如果死的坏处仅仅在于对留在世上的人的影响，那我们把谋杀看得那么重，就难以得到辩护了。设想一场诱拐事件，惦念被诱拐者的人从此（在整个余生中都）不知道她是死是活。这样一场诱拐会比谋杀更坏，因为诱拐对于被诱拐者是坏事，对于惦念她的人**也是**坏事，可谋杀只对惦念"受害者"的人是坏事。

也许会有人提出，由于（无痛的）谋杀向人们内心散播了恐惧，这种谋杀仍是最严重的犯罪之一。伊壁鸠鲁派会把那种恐惧看作是非理性的，但上述提法或许是，社会政策也应考虑到非理性的恐惧。但是，这会给如下做法提供辩护机会：在对"黑人强奸白人"抱有过分非理性恐惧的社会，可以更严厉地惩罚施害于"白人"的"黑人"强奸犯。

这不是说，对生者的影响不足以支持谋杀行径是严重的罪行。这只是说，那种情况下，得把无痛的谋杀视为不如目前这样严重的犯罪。

如果你没有被上述论证说服，那就请再设想下面的情形：一个恐怖分子绑了一个伊壁鸠鲁主义者,把枪口塞进他嘴里,一直威胁说要开枪。如果执行这个威胁,伊壁鸠鲁主义者会立即毙命。要么(a)伊壁鸠鲁主义者忠实于他的信念,"死对于我们不算什么",镇定地坐在那里;要么(b)他无法把情绪调整到与信念一致,充满焦虑,甚至吓到大便失禁。

在情况(a)中,伊壁鸠鲁主义者按理说会觉得,试图恐吓之后是否真的扣动扳机,对他没什么区别。死对于伊壁鸠鲁主义者不是坏事。虽然对他的所爱之人也许是坏事,因为这个伊壁鸠鲁主义者会死,但他的死对他家人的影响对他自己也不该有什么区别。在情况(b)中,伊壁鸠鲁主义者按理说会觉得,恐怖分子若不扣动扳机,对自己来说倒是坏事,因为他若没有被杀,则会遭受种种创伤后压力的折磨。不过有意思的是,对伊壁鸠鲁主义者而言,这并不意味着扣动扳机会是**好事**,尽管被杀得越早,他不得不忍受的恐吓也越少。正如伊壁鸠鲁主义者不能认为死是坏事一样,他们也不能认为死是好事(甚至不能认为死是更不坏的事)。如果死因为一个人不再存活、不再能有任何体验而无法是坏事,那么同样的理由也使得死不可能是好事。这一点不只适用于被恐吓的伊壁鸠鲁主义者这一假想事例,还适用于人们在生命终点处忍受无法形容之苦的无数事例。就这些事例而言,伊壁鸠鲁主义者不能说死对于受苦之人会是好事(甚至更不坏的事）。[43] 换句话说，即使生命质量差到了生命不值得再活下去，伊壁鸠鲁主义者都不能说，死不如活下去更坏。

这些对于伊壁鸠鲁主义者来说都是个头很大的子弹，等着他们（在近身射程）咬下去。有些人会**说**他们接受这些隐含推论。我们本可以考验一下他们，不过那样做有违伦理（至少在我的观点正确的情况下）。

还有个更进一步的考虑。对于外部世界的存在，对于因果性，都有一些坚定的怀疑论者，对这些人，没有什么一锤定音、滴水不漏的论证能回击他们。这些怀疑论者提出了有趣的哲学问题，无疑都值得思考、讨论，但这不意味着我们就要像不存在外部世界、不存在因果性一样持信和行动。对死不是坏事的论证似乎也属于这一种。这些论证放在研讨室里是不错的，但真心接受其结论——例如认为（无痛地）杀死某人对于这个人绝不是坏事——则像是失去了基本判断。

我们有很强的第一眼（prima facie）理由认为死对于死者是坏事，也有一些强有力的论证支持此点。如果遇上一个论证支持另外的结论，我们就有更多的理由认为我们正在处理一个真正的哲学谜题，难以找到一锤定音的解决方案，而不是认为那个论证实际上确立了其结论。

有些人也许会争论说，面对这样的论证，我们的反应应该和面对任何得出不曾来到世上更好这一结论的论证完全相同。然而，论证来到世上是坏事，和论证死不是坏事，二者有巨大的差别。首先我已指出，死对于死者不是坏事这条结论要求我们剧烈地改变道德观念。相比之下，来到世上是（很坏的）坏事这条结论，虽然颠覆了我们关于生育的日常看法，实际上又完全符合我们对何为坏事的其他看法。我们认为，忍受痛苦、折磨、沮丧、悲伤、创伤、背叛、丢脸及死亡，都是坏事。来到世上是所有这些坏事得以可能的条件，还担保了其中很多坏事一定发生。[44] 故而（易受如此种种命运侵袭的）生存是坏事，这一点完全不足为奇。

第二，如果我们真依伊壁鸠鲁派的论证把人无痛杀死，事后又发现伊壁鸠鲁派错了，那这个错误就会带有巨大的道德代价，我们就是对我们所杀的人做下了巨大的坏事。相比之下，如果我们按照反生育论的观点行事，后来又发现反生育论有误，那么我们不会因为没把任何人带到世上就是对其做下了什么坏事。

因此，虽然还有一些人捍卫伊壁鸠鲁派的看法，虽然我们应该继续对战他们的论证，但若仅仅因为我们提不出一锤定音的论证，足以使伊壁鸠鲁派的立场对任何哲学家都完全失去吸引力，就否认死是人的困境的一部分，那似乎不合情理。

不同的死各有多坏？

同意死是坏事的人，对于种种不同状况下的死各有多坏，仍然存在分歧。例如认为剥夺论无遗漏地解释了死的坏处的人，往往会认为死得越年轻，死就越是坏事。这是因为，其他条件相同时，死得越年轻，被死剥夺的未来好处就越多。若某人的未来较早地没有了足够的好处，条件就有所不同，而这时死得更早就不那么坏（甚至完全不坏）。但多数情况下，年少时死去比年老时死去更糟。

这一点看上去合乎我们的流行看法，即年少者的"早逝"尤其可悲可叹。这种观点至少在一定程度上显得有理。然而，若是把剥夺论当作对死的坏处无遗漏的解释，那就意味着最坏的死亡时间是刚一出世的时候。依此，刚一出世就死，比活到十岁、二十岁死去更糟。

有的人乐意接受这个隐含推论。然而，细究起来，这个推论会变得难以置信。我之前已经提到，来到世上的时刻取决于你考虑的是何种意义上的来到世上。如果你认为意义相关的来到世上是指受精，那么按（未加补充的）剥夺论，最坏的死亡时间就是刚刚完成受精的时刻。那时死去会比二十岁死去坏很多。这种想法很难让人信服。

看起来更有道理的想法是：意义相关的来到世上，乃是变得有感觉的时候（发生在妊娠后期）。[45]但即使把这个看法跟未加补充的剥夺论结合起来，也会得出这样的结论：死于婴儿期比死于二十岁更糟。相较于认为死于刚刚受精之时比死于二十岁时更糟，这只是把难以置信的程度稍微降低了一点。

诸如此类的隐含推论，促使杰夫·麦克马汉认为应该对剥夺论予以补充（而非将其替换），加进他所说的对死的坏处的"时间相关兴趣论"(the time-relative interest account)的解释。[46]根据这种解释，死是坏事，必须"以死在其发生之时对受害者的影响为依据，而非以死对他整个生命历程的影响为依据"。[47]换句话说，我们要做的，不是去比较一条生命结束于婴儿期与结束于二十岁时各错失了多少好处。相反，我们应该就一个生命在死去之时怀有的兴趣，来探问死剥夺了这个生命多少东西。

这样说是什么意思也许还不清楚，所以做些解释大概会有帮助。婴儿（更不用说受精卵）与它们之后会发育成的生命体，亦即死会剥夺其好处的生命体，只有很小的心理连接（就受精卵说则是没有心理连接）。据此，婴儿死了，被剥夺的就比较少，因为对死从他们那里剥夺的好处，婴儿的兴趣比较小。更一般地说，在确定死有多坏的时候，考虑到死时的生命体与它本可以发育成的生命体之间没有心理统一性，我们必须据此对剥夺做相应的折减。

这隐含着,死于生命早期阶段不如死于之后的阶段更糟。一个人的心理特性越是得到发展,死就越是坏事,因为这些特性造就了与未来自我的心理统一性,而死剥夺的正是未来自我的种种好处。此后,活过壮年,死的坏处就逐渐减退,原因不在于缺少心理统一性,而在于死从一个人那里剥夺的东西变少了。

表面上看,解释死之坏处的毁灭论似乎没有处理时间相关兴趣论所处理的问题。实际上,它看起来或需与(未加补充的)剥夺论接受同样的纠正。如果认为毁灭是坏事,也许就会认为,其他条件相同时,早毁灭比晚毁灭更糟。这一点又会被认为隐含着:尽可能早的毁灭、甫一出世就毁灭,是最糟的。但是,我们一旦回想起毁灭为什么坏,就能看到,至少就生命最早的阶段而言,毁灭论实际上得出了与时间相关兴趣论类似的结果。[48]

我之前说过,毁灭挫败了继续存活的兴趣,这种兴趣是人一来到世上就获得的。可人是何时来到世上的?回答取决于与问题相关的是哪一种存活。人类机体可说是在受精时或稍后来到世上的。但这似乎不像是我们有兴趣延续的存活形式,假如是,那陷入永久性植物状态就不会挫败我们继续存活的兴趣,但从利弊的角度看,陷入这种状态似乎与死没有区别。一旦进入永久性植物状态,一个人的自我就毁灭了,一如死去。两种情况下,从利弊角度进行评价的人都被抹去了。

我们有兴趣延续的那种存活，乃是以人的形式存活。这又要求有感觉、有智识，而这两者都是在人类机体来到世上后，慢慢地、程度渐增地涌现的。因而，以人的形式来到世上是一个过程。由此至少可以得出两个结论。其一，由于以人的形式来到世上没有精确时间可言，所以不存在"刚刚"以人的形式"来到了世上"这么一个时刻（就好比不存在"刚刚秃顶了"的时刻，毕竟秃顶也是个过程）。

其二，更重要的是，我们应该充分考虑到这一点：继续存活的兴趣本身，也是在以人的形式来到世上的过程中逐渐涌现的。既然如此，那么有些人尚在习得我们有兴趣延续的生命形式所需的心理属性，我们还怎么能认为，他们对于继续存活的兴趣，会像已经具备这些属性的人一样强？

这不是说对仅具感觉的生命体而言，死不是坏事。我正好认为那的确是坏事（不过此处不论证这一点）。我想说的是：虽然孕晚期胎儿或婴儿的死是坏事，但对大一些的孩子或青年而言，死是更坏的事。

剥夺论在解释死有多坏的时候，还面临另一个困难，是时间相关兴趣论也无法化解的。它已被称作"多元决定难题"（problem of overdetermination），[49]因为它出现在某人不久后的

死亡是被多元决定的事例中。此人总归会死,不是出于这一原因,也会出于另一原因。杰夫·麦克马汉举过这样一个例子:

> **骑兵军官**。一名英勇的年轻骑兵军官在指挥轻骑兵冲锋时,被一个名叫伊万的俄罗斯士兵射杀。然而,倘若没有被伊万射杀,仅仅几秒钟后,他也会被另一名士兵鲍里斯发射的子弹杀死,因为鲍里斯也瞄准了他。[50]

对剥夺论的质疑在于,似乎军官的死对于他并不太糟,因为他这个时候死去只剥夺了他几秒钟的生命。(考虑到这几秒钟大概不是很好的几秒钟,那么伊万把军官杀死,也许实际上没有剥夺军官的**任何**好处,乃至于军官之死完全不是坏事。)

弗雷德·费尔德曼回应说,与确定军官之死有多坏这个问题相关的反事实假设,并不是军官死于几秒之后,而是军官不在青年时期死去。[51]杰夫·麦克马汉争论说,这个回应并不令人满意。首先,它没有评估**某**一起死亡(伊万那颗子弹造成的死),它评估的是一**类**死亡(不久之后的死)。[52]第二,把军官的不幸刻画成"年轻时死去"没有道理可讲,否则我们岂不也有理由把这种不幸刻画成"过早死去"或"未老时死去"或"在达到人类寿命上限前死去",甚至就刻画成"死去"?[53]

到这里，毁灭论就能帮上忙了。军官的死，即由伊万那颗子弹导致的他这个人的死，的确是非常坏的事，即使它只剥夺了他几秒钟的（好）生命。之所以是坏事，是因为死毁灭了他。而他若没被伊万杀死则会被鲍里斯杀死这一事实，也许意味着，死于伊万的子弹没有剥夺他太多东西，假如说得上剥夺的话。然而伊万的子弹毁灭了他，而虽说即使伊万没杀死他，他也会因鲍里斯向他开枪而遭受同样的坏事，即毁灭，但伊万那颗子弹导致的毁灭，其坏处并不受此所限。使毁灭成为坏事的，不是对毁灭的计时。毁灭本身就是坏事。因而，无论军官是被伊万杀死还是被鲍里斯杀死，抑或是"过早死去""未老时死去""在达到人类寿命上限前死去"乃至无论什么时候死去，[54]他终归是被毁灭了，而这，就是坏事。

这不意味着，一个人一旦在相关意义上完全来到世上，就该对自身毁灭时间的不同漠然视之。即使不去管毁灭的时间如何影响自己被剥夺的程度，也不该漠然视之。在没有压倒性的考虑时，毁灭是一种最好尽量推迟的厄运。[55]这是因为，死这种厄运不是你能从中"走出来"的，[56]道理很明显：死是真的**永久**（钻石则并不永久，唯保存时间很长而已）。

关于晚年死去，还有一些话要说。人类长寿的极限目前在120岁左右，但只有极少数人能活到这个岁数。百岁老人的数量在增加，但目前，活到九十多岁就已经算长寿了。对于此等高龄去世的情况，很多人往往习惯于说些据称有安慰作用的套话，但实则漫不经心，比如，说他们"回合圆满"（had a "good innings"），仿佛是在谈论板球赛事，而不是一个人的毁灭。

也许这样的评论背后是某种未加补充的剥夺论。既然人类寿命目前的极限就在这里，回合圆满的人不指望自己能多活太长时间，因而他们的死并没有从他们那里剥夺太多好东西。这种看法的确假定了我们应该以目前的人类寿命极限为基准，不过考虑到这个世界目前的事实，这样假定并非不合情理，尽管事实会令人遗憾。

把毁灭观点加入剥夺论，对老年死去的看法就不会那么乐观了。无论一个人有过多么圆满的回合，死都是坏事。早些死去或许更是坏事（不仅因为早死被剥夺得更多），但晚些死去仍然很坏（尽管被剥夺得较少）。即使在人类寿命极限处死去，也仍是坏事。同样，也许全盘考虑之下死不是坏事，但死仍然有一个极坏的要素。

"死"和"毁灭"这两个词都有含糊之处。剖析这种含糊，会让我们明白，为什么有些人会认为，死从毁灭论来看并不总是坏事。在某些解读下，应用于某些实体时，这两个词的意思是一样的。人的毁灭就是人的死亡。但按照另一些解读，即使没有死亡，毁灭也可能发生。[57] 痴呆这类疾病，或永久性植物状态之类的状况，能在一个人（在生物意义上）死去之前（在心理意义上）毁灭此人。如果这样区分毁灭和死，那就会有一些（生物性）死亡并不导致毁灭的事例。这是因为这个人在死前已被痴呆或永久性植物状态毁灭了。就这样的事例而言，从毁灭论来看，死不是坏事。但是，那只是因为这个人**已经被**（生物性）死亡之前的事毁灭了。无论是什么事先于死亡毁灭了这人，那件事从毁灭的观点看都是坏事。[58]

不愿意区分死与毁灭的人，也有办法解释上述事例。他们可以说，心理毁灭就是心理死亡，而心理死亡才是根本上糟糕的。生物性死亡只在导致心理死亡的情况下是坏事。

活在死亡的阴影下

伊壁鸠鲁和卢克莱修主张，看待自己的死，要有一种漠然的态度。他们是在回应大多数人，而大多数人对死持有（常常很强烈的）负面态度。这些负面态度包括惊骇（terror）、恐惧（fear）、忧惧（dread）、悲伤、焦虑等。但我们应该把死是不是坏事的问题同我们看待死的态度的问题区分开来。

而且，关于我们看待死的态度，也不只有一个问题。首先是心理学问题：人们**有**什么态度，为什么有这样的态度。大多数人，但不是所有人，对死有一种负面的态度。具体是什么态度，这种态度有多强烈，可能各不相同，因人而异。有些人比其他人对死更为厌恶。不过，一个人自己的态度也可能有变化，因时而异。这种变化有时在片刻之间，有时在人生各阶段之间。年轻时怕死的人，也许当身患不治之症到了晚期，会迫切地盼死。而年轻时漠然视死的人临到来日无多，大限已在眼前之际，又可能深深地畏死。

第二类问题是，以什么样的态度看待死才**恰当**。仅仅是人们有某些态度，不代表这些态度总是恰当的。实际上这正是伊壁鸠鲁派的看法，即广泛存在的对死的恐惧并不恰当。伊壁鸠鲁派声称对死持负面态度没有道理，相应的根据我已予以拒斥。但是，人们对死持负面态度的根据中，有些的确站不住脚。举例来说，假如某人会（在体验上）想念他们身后的在世之人，因而怕死，那么如果死的确像我认定的那样是一种湮灭，这种怕死的态度就不恰当。死者有可能错失（即被剥夺）此后对在世之人的体验，也可能被在世之人想念，但死者本人不会有想念谁的体验。同样，印着"笑一笑：地狱不存在"的无神论 T 恤[59]也表示了，由于相信自己会在地狱遭受火刑折磨而怕死，是不恰当的。

我已经论证了死是坏事。有时候，死之为坏事是多元决定的。也就是说，死是坏事，既是因为它剥夺我们以后的好处，也是因为它毁灭我们。在其他情况下，死可能并不剥夺某人的任何好处。那样的话，死之为坏事就全在于它毁灭我们。若死是坏事，以负面态度看待死就是恰当的。

进一步的问题是，看待死的各种负面态度，**哪些**是恰当的。有人对某些态度持有异议，例如他们认为恐惧没有道理，因为只有恐惧的对象不是定然发生之事时，恐惧才恰当。[60]这个说法不能令我信服。即使某种糟糕的命运是确定无疑的，恐惧这种命运也完全合理。然而，即便你想给恐惧加上这么个恰当性条件，或者规定出一种恐惧的定义，使它隐含这样的条件，那么你仍然能认为其他负面态度是恰当的。如果"惊骇"并不含有极端恐惧之义，那它就会是一种可能。另一种可能是"忧惧"，不过我看不出若是不规定恐惧与忧惧的区别，我们能怎么区分这两者。

关键在于，以某种极其负面的态度应对某件极其糟糕的事，是恰当的。如果某人在语义上斤斤计较，把我们描述态度上的这种合理反应所用的常规词语一概剔除，我们就该起疑，看看这种学究气是不是由恣意的乐观态度驱使的。我们如果没有一个词语能让这位乐观学究觉得恰当，那就该发明一个。关键的问题不是语言上的，而是对某件坏事采取负面态度是不是合理。自我施加的语言限制不应该妨碍我们给那种态度命名。

看待死的恰当态度未必恒定不变。面对无法承受之苦的人欢迎死的来临，这在全盘考虑下也许完全恰当，尽管他同时也会深感遗憾，遗憾于只能以死躲避那种比死还坏的命运。虽然对这个人来说，对死的矛盾心态是恰当的，但对于若走上自绝之路则会失去太多的人，那种心态却可能不恰当。换句话说，某些状况下恰当的态度，在另一些状况下可能不恰当。

除了问问何种看待死的态度是恰当的，我们还可以问问我们**应当**有什么态度。有些人可能认为我们应当有（且只有）那些恰当的态度。但也可能有这样的情况：某种看待死的态度既恰当，但又是我们所不应有的。例如，对于自己会死这一骇人的事实深感沮丧，也许完全恰当，但也许有在利弊方面很强的理由不把自己搞得这么阴郁。采取某种恰当的态度，也许只会让自己的生命更糟。

也许有人会回以这样的争论：任何让自己的生命更糟的态度都不是恰当的态度。但是，除非把"恰当的回应"混同于"应有的回应"，否则难以看出这种观点如何为真。以负面态度回应坏事，以**非常**负面的态度回应非常糟糕的事，这都是恰当的。但明智的做法可能是对某种完全恰当的负面态度予以缓和。例如，某人遭受了严重的冤屈，那么他深感受伤就是合适的。如果这种冤屈不能纠正，那么一直保持这种感受也全然适当。感受本

死　155

身没有错。但是，如果这种感受只是延续了某人的受害者心态，使他的生命更糟，那也许就有充分理由减轻他的恰当感受，即便实际上冤屈仍未修补，冤枉他的人仍未追悔。

总是想着死的方方面面，无疑也可以使生命悲惨。大多数人找到了应对方式。我会在下一章（论永生的一章）讨论某些过分乐观的应对机制，包括否认、对永生的幻想，以及面对永生之不可能性的酸葡萄心态。

更现实合理的回应，是保持对死亡阴影的敏锐察觉，但不整日沉湎其中，而是依然努力地生活下去，尽自己所能提升生命的质量和意义。由于意义在于超越自己的限度，所以这样的努力——假如它有值得追求的意义——也将在于提升他人生命的质量，有时还在于提升他人生命的意义。

这与否认不同，因为这不影响你有一些时刻去反思人生，充分意识到死的恐怖。对人的困境（的这一要素）尤其敏感的人，这样的时刻也许**很多**。引发这种时刻的有时是外部刺激，例如他人的死，例如生命危险。另一些时候，这样的念头会出自内心（有时是无意识）的刺激。这种心态直面死的悲剧，也承认死的悲剧，故而它不否认死。

对死的前景做出应对，这在死不那么迫近的情况下相对容易。当然，我们谁都可能在任何时候死去。潜伏的动脉瘤可能破裂，海啸可能席卷而来，子弹和其他发射物可能击穿致命部位，坠物也可能突然砸下。这说的是意外袭击。而当死亡的威胁更为堂而皇之时，死就更难忽视、更难对付。

有的人在这样的状况下保持住了镇定，直视死亡，我们倾向于佩服他们。对这一倾向的解释，也许一部分在于我们隐隐承认那很难做到。但这不免使人觉得，赞扬这种斯多葛式的坚忍，也是意在打击那些不能像我们乐见的那样面对死亡的人，也就是不能"勇敢"面对死亡的人。毕竟，看着别人在迫近的死亡或死亡威胁面前崩溃，只会突出我们自己终有一死的命运，这使我们极度不适。

一代又一代的人从娘胎到坟墓行进着。最老的人在最前线。在最不坏的状况下，狰狞的死神先用他沾血的镰刀把最老的人砍倒。然后他们的位置由下一代补上，然后是再下一代。某人的祖父母先死，然后某人父母的预期剩余寿命也变得有限。不久，某人发现自己也站在了最前线，直面死亡。

最不坏的情况往往不是实际情况。较年轻行列里的人往往受害于狰狞死神的狙击手，他们从我们觉得不该"轮到"的人里寻觅目标。很多地方可以看到死亡年龄不平等的明证，其中之一就是《纽约时报》之类报纸上的讣告标题。比如说你会读到"本齐翁·内塔尼亚胡，鹰派学者，终年 102 岁"[61] "阿尔伯特·O.赫希曼，经济学家、抵抗运动人士，终年97岁""卡洛琳·罗维-科利尔，曾说婴儿有清晰的记忆，现已离世，终年72岁""特里·普拉切特，小说家，终年66岁"，"纳莉尼·安巴迪，直觉心理学家，现已离世，终年54岁""戴维·雷科夫，获奖的幽默作家，终年47岁""马利克·本德杰鲁，终年36岁，曾执导影片《寻找小糖人》(*Sugar Man*)""艾伦·斯沃茨，互联网活动家，终年26岁"等等。

年轻时死去通常在大多数方面比年老时死去更糟，但老也有老的难处，也包括死亡方面的难处。一个人活得越老，他可以合理期盼的所剩时日就越少。年轻人，至少是身体健康且不面临外部威胁的年轻人，可以用"至少还没死到临头"这样的理由来应对。而这不是长者可以享有的奢侈。上了年纪，一开始是觉得无法合理地期盼再活十年，接下来，一眼望去更像是不超过五年，再接下来就发觉，一年内死去的几率也很大了。总是一边生活，一边意识到所剩的时间不多。[62] 时钟嘀嗒作响，声声入耳。

人们说，高寿是所有人都想**获得**却不想**身处**的状态。后者的一部分原因在于伴随高龄，常有种种脆弱，而另一点是死亡的威胁与日俱增。因此这里有一种残酷的反讽。我们想活得长，但活得越长，越有理由恐惧余生变少。[63] 这是人的困境的又一要素。

第6章

永 生

我不愿死——真的：我既不愿死，也不愿变得愿意死；我愿永远、永远活着。我愿这个可怜的"我"，这个我感到就在此时此地的"我"，活下去，因此，我的灵魂、我自己这个灵魂是否持续存在，这个问题便折磨着我。

——米盖尔·德·乌纳穆诺，《生命的悲剧意识》

（Collins, Fontana Library, 1962, 60）

死是坏事，但由此无法得出永生就好。死是坏事，永生更坏，这也是有可能的。所以我们要问，假如我们可以永生，那么人的困境会不会改善或者恶化。认为永生会比活有限的时间更糟，这是对终有一死的两大类乐观回应之一（拒斥我们会死是我们困境的一部分这一看法的两种方式之一）。另一类乐观回应是以种种方式否认我们终有一死（或永为终有一死者）。

永生的妄想与幻想

首先来考察对我们终有一死的否认。这种否认的一种形式，是相信未来的某一刻，肉体会复活。假如这一信念为真，它会把死变成某种暂缓的赋生（animation）而非毁灭。无论假定复活的人不再死，还是假定未来各次死亡之后会不断复活，都是许诺了某种永生。

也许更常见的是相信有某种永生的**灵魂**。这里寻觅的慰藉是，虽然我们的躯体会死，但我们会以某种（最好是至福的）离体状态继续存在，即使我们肉体上已经死亡腐烂。

这样的信念属于一厢情愿。我们没有证据表明我们会以肉体形式复活，抑或会在肉体死亡后作为离体的灵魂继续存在。宗教文本可能谈到这些现象，但这些文本即使不漫溢着诗化的隐喻文风，也无法构成证据。实际上还是相信死即自我的毁灭要合理得多。

我们真的要相信，腐烂了、火化了、烧成原子再被吸收的身体，竟会重新构成、重获新生吗？理解这该如何运作已是很大的挑战，与此相比，其他显著的问题都相形见绌，例如怎样容纳所有复活之人身体的后勤问题。

这些实际操作问题，并不直接冲着对永生灵魂的信念而来，但这个信念面临的其他问题一点也不少。我们有充分证据表明，我们的意识是我们的脑的产物。当我们被施以全麻，药剂注入我们的物质性身体，影响我们物质性的脑子，这时我们会失去意识。若是被阻断了脑的氧气供应，或是头上挨了够重的一击，我们同样会失去意识。意识在我们活着时都如此脆弱，等到我们的脑死亡、腐烂，就更不可能存续了。假如回应说，我们的永生灵魂不是我们意识的延续，那么许诺一个永生灵魂就不那么像是自我的存续，因而起不了什么安慰作用。

当然，有些人还是坚信复活或者灵魂永生。在这个意义上，问题至少说不上解决了。但是，一种看法有追随者（甚至大批追随者），不代表这种观点合情合理、值得认真对待。所以，我虽然不能假装我的意见完全驳倒了他们的看法，但也不打算继续纠缠这两种意义上的永生信念。我将以我们并不会永生为前提进行论证。

对死的否认并不是有神论者、宗教信徒的专属领地。无神论者当然也不免沾染。**某些**无神论者对我们的有死性，作这样一种乐观回应：他们希望终有一死的事实可以改变。更具体地说，有些人认为，随着科学知识的进步，我们终会理解衰老并能中止这个过程。

这些人有种种名号："生命延长论者""长寿论者""（激进）长寿赞同者"[1]甚至"永生论者"。他们寄希望于一系列未来的知识与科技，包括纳米技术、基因干预、抗衰老药物以及用克隆的身体部位替换衰竭的器官。

断然宣称延长人类目前的寿命**一概**不可能，或宣称延长的生命的质量一定比目前高龄者通常的生命质量差，都是不明智的。不过，很难不把这些发展的预期程度和速度看作一种世俗的千禧年主义，一种"末日的末日"。

例如，发明家、未来学家雷·库兹韦尔（生于1948年）曾说他有"极大可能无限期（活下去）"。[2]他还（在2012年）声称我们"从现在起十五年后，会到达这样一个地步：按照（他的）

模型,每过一年,我们就会往你余下的生命里加一年,相当于你的时间是越来越多而不是越来越少,相当于你余下的预期寿命实际上会随时间延伸下去"。[3] 在另一次宣言中,他说虽然思考死亡"令人感到如此悲伤、孤独……我仍会回过头来思考我将如何不死"。[4]

"基因改造导致可忽略衰老战略"(SENS)研究基金会的首席科学家奥布里·德格雷,也从世俗角度预言了人类可以永生。(2002年,49岁的)他明确声称自己计划活到一百年以后,[5] 他与人合著的《结束衰老》(*Ending Aging*),副标题就叫"使人年轻的技术突破**在我们有生之年**就能**逆转**衰老过程"。[6]

这种乐观态度已受批评,但对批评者有种常见回应,就是指出,以往也有唱反调者低估了进步的程度和速度。如奥布里·德格雷就援引从第一架动力飞机到第一架超音速大型客机的迅速进步,[7] 拒斥他所称的对延长寿命前景的"本能反应式怀疑"。[8]

低估科学进步的确是我们会犯的一种错误。不过,高估这类进步也是一种错误。后者也有无数事例。讽刺的是,人类飞行正是其中一例。人类梦想飞行,在飞行成为现实之前尝试了几千年。征服有死性则是另一个例子。极寿者、不老泉的故事,几千年来令人遐思神往,对延寿的(可疑)建议也从不短缺。[9] 这至少该让那些相信我们快要能大幅延长生命的人犹豫一下。

许诺给我们这个时代的人无限的生命,这对渴求长生不老的人而言确是诱人的福音,即使这种许诺仅是隐含在自信的预言之中。这种福音很多人想要相信,而且没准儿很多人相信它,至少部分原因就是想要相信它。因此,追求轰动效应的预言应从伦理上加以批判。这种预言利用人的弱点,又很容易陷人于失望之中。当然,那些预言自己生命无限或相信这类预言的人,不可能发现自己错了。但等他们死后,继续活着的人可以得到这样的证明。而对于预言天赐之福的先知及其追随者,一旦他们本来期望会永远活下去的人死了,他们也会陷于失望。

另一种据称能延长寿命的干预方式,其检验只能留待更为遥远的未来。这种干预方式就是人体冷冻,它旨在保存这样的人:这些人在法律上已被宣告死亡,但可能不满足更严格的死亡定义,即所谓的"信息论"(information-theoretic)死亡。根据后者的定义,只有连未来技术都不可能在物理上挽回的人,才是真的死了。这里的想法是,也许今天我们无法救活某些人,但同样的人用未来技术也许能救活。于是,这样的人会在法律死亡后立刻被深低温保存,寄希望于未来医疗科技的恩惠。

如上所述,人体冷冻的一项假设是未来的技术也许能救活(一部分)目前救不活的人。这个假设本身并非不合理。不过,要认为人体冷冻能帮人骗过死亡,还须接受一系列其他假设。首先要假定自己有条件被深低温保存，比如要是被炸成碎片，就不用考虑深低温保存技术了。还要认定，在深低温保存之前，自己确实属于缺血性损伤还没有导致信息论死亡的一类人。

进而，还得假定目前的（而非未来的）深低温保存技术好到能让未来的挽救技术发挥作用。例如，必须假定，用来防止"玻璃化"过程中细胞受损的冷冻保护剂（cryoprotectants，即医用"防冻剂"）能有效避免受损，或损害在以后可以逆转。[10]

另一个假定常起于深低温保存会有多贵。费用一部分可归结到待命团队的成本，在法律死亡后他们要立刻实施深低温保存。但也有一部分在于人体在漫长的时间里都需要一直处于深低温保存状态。这一点的结果就是，某些情况下，会只保存头部。这又增加了一项假定：将来，"修复的脑子要能再次生长出一副新身体，这将属于未来医学的能力范围"。[11]

如此大量的假定，结果就是只有孤注一掷的乐观者才能不放弃希望。再说一次：说"永远不"——深低温保存永远不可能奏效——这种话，是轻率的。但是，如果某人寄予希望之事的可能性微小到一定程度，希望就寄托错了地方。深低温保存提供了肉体复苏／复活的世俗版本。[12] 它为憎恶死亡的人提供了希望。希望带来慰藉，但这不意味着希望实际上把人带出了困境。

即使是对征服死亡有最亢奋的乐观态度的人，也会认识到，就算能圆了中止或逆转衰老的梦想,我们也不会真的永生,我们仍可能被杀,无论是出于意外还是故意。即使一个人没有衰老,他仍可能死于钝器伤、刀刺、枪击、毒气、绞刑、斩首、开膛、焚烧等等。正如年少的、正在成长的人现在可能因这些而死,中止了衰老过程的成年人也可能以这些方式丧生。

即使能终止一切意外和谋杀,我们仍不会永生。供养我们的这颗行星,会有一天变得太热或太冷,不再适合生存。地球最终会被太阳吞噬,太阳最终会坍缩。在宇宙的这些预计进程面前,永生信念更是格外离谱的妄想。这使一些人做出了"医学永生"与"真永生"的区分。[13]前者用于不会死于自然原因的情况,后者用于不会死于无论什么原因的情况。

"医学永生"这个短语明显有误导,因为只是医学永生的人根本不能永生。这些人迟早还是会死。无论非自然原因致死的风险有多小,这种死都无法在永无尽头的时间里避免。唯一的问题只是能把它推迟多久。所以唯一真实的永生是"真永生"。这也许就是为什么某些乐观者更喜欢用"极寿"(extreme longevity)一词[14]而非"医学永生"。

虽然字面意义上的永生并不可能,但人们可以在一些比喻意义上获得"永生"。例如常言道,人们借子孙后代"延续生命"或"得以永生"。与此类似,我们常说大艺术家、大作家因其作品获得永生，做出其他贡献的人也在历史书籍、塑像或以其命名的建筑物、街道中获得永生。

在这些事例中，一些人留下了超越本人之死的印记，尽管他们既不在字面意义上活到自己死去之后，其身后印记也不是在字面意义上永存（这尤其是因为人类和地球不会永存）。

所以我们竟还使用"使人永生"这话来指述那样的事例，这就很能说明问题。这些有限的身后印记是永生的替代品——尽管是些很差的替代品——这点颇可玩味。这样的替代品，是人在面对终有一死的事实时所能达到的最大限度。伍迪·艾伦在说下面这番话时，明显意识到了这种奇特的"体变"*："我不想靠作品来达到永生……我想靠不死来达到永生。"[15]

酸葡萄

对我们终有一死的第二种乐观回应，是认为终有一死的反面，即字面意义上的肉身永生，不会像渴望永生的人认为的那么好。很多这样的论证一经适当更改，也能驳斥"极寿"的可欲，

---

* 体变（transubstantiation），在基督教神学中，指面饼和葡萄酒经祝圣后，虽然还保留着面饼和酒的外形，但实质上已经变成基督的体血。此处类比了用身后印记当作永生的替代品的做法。——译注

至少在所说的极寿足够至极的前提下。不过，尽管永生并不可能，下面我还是专谈永生，这完全是因为围绕这个话题的哲学探讨大多谈的是永生。

主张永生会是坏事的人自然会否认他们患了酸葡萄综合征。在他们看来，永生事实上是坏事，而我们的困境不包含永远活着这一条，实乃幸事。用"酸葡萄"来形容他们是我的讲法，因为我认为，**在适当条件下**，永生会改善而非恶化我们的处境。

"在适当条件下"这个限定绝对关键，因为如果对现状的改动仅仅是把我们终有一死这点去掉，那么不难想象永生会带来种种问题。例如，人们早就认识到，假如我们在永远活下去的过程中继续变老，愈发衰朽，则永生并没有价值。在希腊神话里，这是提托诺斯（Tithonus）的命运。他的爱人，黎明女神厄俄斯（Eos），曾请求宙斯让他永生。这个愿望得到了满足，但厄俄斯犯了个错误，她求的是提托诺斯"永远活着"，不是他"永远年轻"，结果提托诺斯越活越衰弱。乔纳森·斯威夫特在《格列佛游记》中讲了不会死但也不停止变老的"斯特鲁布鲁格人"，也是要讲类似的警世故事。[16]

人们考虑永生会不会是好事，一般都愿意先规定所谈的永生须得是不丧失青春活力的永生。问题是我们很快就发觉，想让永生成为（无条件的）好事，所需规定的数量得成倍增加。我们不得不堆叠层层幻想，因而也许会疑惑这番操作究竟有何价值。

这个顾虑并非不合情理，但我们的回应是，永生本身已经大大违反事实。要想确定永生是不是好事，我们需要连带着考虑其他的反事实条件。永生在许多可能世界里是坏事，但我们感兴趣的是确定会不会在某个可能世界里永生是好事。为此，我们需要放飞想象。

除了永远老去以外，永生的另一个潜在危险是承受亲友被狰狞死神收割掉的痛苦。失去家人和密友当然很是糟糕。但这个问题对我们这些有死者也完全不陌生。在凡人一生的历程中，我们一般先失去祖父母，然后失去父母，然后是配偶、兄弟姊妹和朋友。这都是我们余生会承受的巨大痛苦。要避免这种痛苦，只有自己早死，而这又会令别人承受丧失亲朋之痛。

永生的一生确实会重复这种经历。一个人失去最初的亲朋后，也许会组建新的家庭，形成新的友谊，然后还是会失去这些。不过一旦我们着手规定永生的条件，这个问题就有个显然的解决办法，即规定永生是家人、朋友同样可得的。

其实我们不妨规定人人可得永生，因为若不这样规定，不知会出多少坏事。有死者可能嫉妒起永生者，乃至谋害他们。永生者虽不会由自然原因致死，但若没有进一步规定，他们抵挡不了有死者可能施于他们的其他厄运。恶行也可能取相反的方向。永生者可能歧视"区区有死之人"(这个短语此时有了新的含义)*。稀有的永生机会还可能导致不公。富人可能在完全字面的意义上拿钱买穷人的命。

一旦我们规定人人可得永生，还会产生另一个非常严重的问题：人口过剩。地球维持不了永生人类的无穷增长（以当前的消费水平看，当前有死人类的增长都已成了问题）。新人不断增加，但不再有死亡导致常规性人口减少。不用多久，我们这个星球就会比现在更拥挤。

有一些办法能解决这个问题。某些办法尤其富于幻想。例如可能有人提议说，殖民到宇宙其他地方能解决空间问题，不过那只是推迟了问题。

更合理的一个解决办法是把永生和不生育挂钩。只有不造新人的人才会永生（或许饮下长生不老药会导致不孕不育，而且只有青春期前服下才能起效，以防你想先生孩子再喝药！）。假如永生成为可能，不留子嗣的选择也许实际上会更吸引人，毕竟不再需要"靠孩子延续生命"。一个人可以在更字面的意义上自己延续生命。

---

* 通常 mortals 意为肉身凡人。——编注

这种假想暗示（但并非严格蕴含）永生这个选项是从当前这代人开始有的。然而一个更好的世界本就不会有我们这个世界那段浸满死亡的历史。那么我们可以想象，在某个世界上，从一开始就住着一些永生但不育的人。其实这正是伊甸园的构想。根据传统记述，只有到了原初人类即亚当（字面意思是"男人"）和夏娃（字面意思是"生者"或"生命之源"）获得了（性）知识，从而获得了生育能力后，有死性才被引入。[17]这则圣经寓言富有先见地预示了科学对性与死之关联的理解。无性物种（例如变形虫）不会死，而是会分裂。有性繁殖的物种才会死。

还有个更进一步的问题。死只是能降临于人的诸多糟糕事件中的一件。我们已经规定永生者不会衰老，但仍有很多苦难可能且的确会降临于青少年或（当前条件下我们所说的）中年人。于是我们就得规定，永生要么乃是至福，要么是可逆的选择，后者允许某人在发现生命质量难以忍受的情况下退出永生死去。

我们不要低估了动用死的选项有多难，正因为这么难，恒久至福的生命才那么合意。但是，动用死的选项与我们当前的有死状态相比并不是净不利项，因为生命的低质量已使很多人想提早死去。的确，与有死者决定提早终结自己的生命相比，永生者动用死的选项会错过更长的生命。如此一来，死对于永生者是更重大的决定。不过，永生的这个不利之处要与另一边非自愿有死的不利之处相权衡。一经这样权衡，永生看来就是净得利项。

虽然（分析）哲学家论述过上述对永生的先行担忧，但这些不是他们思虑很多的问题。他们大多专注于论证永生是一种令人厌倦的生活。伯纳德·威廉斯是这种论证最著名的鼓吹者。[18]

他说，要让永生对我是好事，需要满足两个条件。第一，必须是**我**一直活下去。第二，我存活的状态必须对我有吸引力。[19] 他认为，第二个条件无法在永生中满足，因为人无可避免地会因相同体验的无休止重复而厌倦。他承认，避免这个问题的一个办法是"活成一连串无穷多的生命"。[20] 然而威廉斯说，这种可能违背了第一个条件。未来的各个自我必须足够与我不同，才不会因那些仍会令我厌倦的体验而感厌倦。但是，任何未来的自我如果与我是如此不同，那就不是我了。相比之下，倘若未来的自我与我现在的自我足够接近，使得活下去的还是我，那么我将体验到的厌倦会扼杀我活下去的欲望。因此，永生不会是好事。

这个论证引发了比其他论证多得多的哲学关注，这很有意思，因为它招引的回应似乎与其他论证一样，那就是再多规定一个使永生成为可欲的必要条件。这次的条件是，我们的永生自我不会对我们永无终止的生命产生厌倦。这个主张不必强到说我们不会有任何厌倦。即便在有死的一生里，存在**一定**程度的厌倦，也不会被认为是证明了我们死去会更好。[21] 因此，我们需要规定的条件是，一个人对自己的永生不会从整体上产生厌倦。换句话说，我们如果真的感到厌倦，那么这份厌倦就要足够有限，不至于成为沉重的负担。

或许连这也规定得太多了，但这个条件并不比我们对永生进行假设性评价时乐意接受的其他条件更富于幻想。例如，与想象永生的日子里没有深重苦难、充满青春活力相比，想象永生的日子不会笼罩在厌倦中并不更难，实际上应该是容易得多。

伯纳德·威廉斯好像是认为，诉诸厌倦的反驳在一些重要的方面不同于永生可能有的其他问题。他说，其他问题是偶然的，但单调乏味问题不是偶然的。[22] 但是，他为此提出的论据无法令人信服。例如，他的主张似乎以这样一点为前提：永生之人会"生活在一个**和现在相当类似的世界**"。[23] 这个假定根本不能成立，毕竟已经有各种不切实际的假设条件纳入了我们的考虑。所以，我们似乎大可把不存在（显著的）厌倦这点规定为永生之可欲性的一个条件。

然而，即使不去规定还有哪些背离"和现在相当类似的世界"之处，实际上也不难想象上述条件的满足。有一些论证支持这一点，这些论证来自对威廉斯教授"永生的一生会单调乏味且无意义"的主张提出批评的另一些人。

例如，约翰·马丁·费希尔指出，虽然很多体验是"自我耗竭的"(self-exhausting)，但也有很多体验"足堪重复"，来避免厌倦在永生的一生中扎根。[24]自我耗竭的体验，如名所示，即是我们不愿重复，至少不愿重复多次的体验。这不只包括沮丧的体验，还包括这样一些：它们虽令人愉快，但你也只想来一次或也许少数几次。对这些体验我们当然可能厌倦，即便是在有限的一生里。但是，也有很多种体验是足堪重复，包括"体验性爱的欢愉、享用美食美酒，聆听美妙的音乐，观赏优秀的艺术作品等等"。[25]既然人在有死的一生里可以重复很多次这样的体验，似乎没有理由说人在永生的一生里会厌倦它们。

秘诀之一当然是不要让同一种体验无休止地循环。这些体验之所以可堪重复，一部分就是因为它们被隔开了。更高质量的生命包含多种多样可重复的正面体验，并且每次这样的体验都要隔上一阵。[26]以这样的模式，人就不容易在生命中对体验产生厌烦，除非疾病或衰弱耗减了人们享受这些体验的能力。但我们想象的永生，是保有健康和活力的一生。

诚然，有些曾经可堪重复的体验会变得不堪重复。也许你会对某类虚构文学失去兴趣，或不再享受某人的陪伴。但这类情况下常会出现新的兴趣和友谊，带来可堪重复的新体验。

伯纳德·威廉斯对这些逐渐演变的兴趣和价值观有一个担心：最终，一个人所珍视的各种体验会大为不同，以至于就算相距很远的两个时刻存在的是同一个人,他久后珍视的东西也不是他以前珍视的那些。此人若预先知道这点,就不会认为他那遥远未来的自我拥有的是有吸引力的生命。威廉斯教授说,这违反了使永生成为可欲的第二个必要条件。

一些论者对这一论证做出了正确的批评。他们指出,即使在有死的一生里,我们的性格、偏好和价值观也会变。[27]实际上,一个人的偏好和价值观从幼年到成年常有相当大的改变,比如一个学步孩童的优先项、欲望和价值观和一个中年人不会相同。于是威廉斯教授的论证似乎就隐含着,对于一个学步孩童,活到中年没有吸引力,因此不是一件好事。

这是针对归于乏味的论证(reductio ad tedium)的一个归谬论证(reductio ad absurdum)。学步孩童是有活到中年的兴趣的,尽管他们的价值观、目标和偏好会变。这一部分是因为改变是逐渐发生的。一个四岁孩子的价值观、目标和偏好很接近她会长成的五岁孩子,五岁孩子又很接近她会长成的六岁孩子,依此类推。因而人在各个阶段都有存活下去的兴趣,尽管经过足够长的时段后,人的价值观、目标和偏好与年幼时相比会非常不同。

如果年岁起了应有的作用,那么一个人后来的自我会更有阅历、更成熟、更深思熟虑。这种情况下想到以前的自己,也许会觉得难堪,但这不意味着死于成熟起来之前就更好。永生的一生没理由不是同样的情况。

当然了，有时候增加的年岁会使一个人变坏而非变好。极端情况下，一个天真无邪的孩子会变成恶魔。然而，即使在永生的过程里，一个人也不是到某一时期就一定会变成阿道夫·希特勒。[28] 有死一生的一般成熟轨迹，是可以在永生的一生里延续的。没有理由认为永生的人必须到可鄙的人格里轮回，以至于早些死去更为可取。

虽然威廉斯教授的论证目标是永生的一生令人**厌倦**这一结论，但他也在几处说到，永生的一生是无意义的。[29] 然而，除非认为令人厌倦的一生就是无意义的，否则看不出他真的论证了永生的一生无意义这一主张。或许在很多人看来，令人厌倦的一生显然就是无意义的，但这在我看来无疑不是显然的。颇多令人厌倦的任务都可能有意义（从意义可获得的角度看）。例如，在飞机上反复执行安全检查也许令人厌倦，但肯定不无意义（从相关人员的角度看）。类似的，完成照顾幼儿的必要差事——喂食、清洁、换衣——可能令人厌倦，但这些差事从所涉的孩子、家长和家庭的角度来看非常有意义。

所以，威廉斯教授的论证看来事实上无关乎永生的**无意义**。这不意味着没有一个论证能达到永生的一生无意义这个结论。这类论证中有一种声称，永生的一生会没有达成任何事情的紧迫感。假如某人知道自己会永远活着，那么他就不会急着做一些留下印迹的事。他知道有大量时间做那些事，于是可以先歇着，一推再推，结果就是任何值得做的事都没有做。

这份担忧并不令人信服，尽管由于真正永生的存在者没有时间的限度，他们的确不会有超越这种限度的需求。但即使在这种情况下，缺乏时间上的超越性意义也不是坏事。有死之人活在死的阴影下，死打断了我们的种种筹划。我们或许成功在世上留下了某种印迹，但最终这份印迹也会被时间的流逝抹去。永生者根本不会有这个问题。有死之人也许会渴求时间上的超越性意义，而永生之人也许没有这种需求，但话说回来，缺乏这种意义对他们也不会是坏事。这不是说他们的生命会没有意义，而只是说，意义不必须产生于超越一个不存在的时间限度。

没有时间限度的存在者仍可能有其他的限度，我们完全可以想象，寻求意义的方式是努力超越其他那些限度，例如空间限度、意味之轻重的限度。即使没有这样做的紧迫性，仍可能有这样做的欲望。这些存在者可能想造就某种不同，并乐在其中。紧迫性是不需要的，毕竟即使没有紧迫性，欲望也会促动他们。这是因为紧迫性不是唯一动机。非紧迫的需求是另一种动机，欲望也是。我们的一生中，常常没有吃饭和休息的紧迫性，但我们仍然做这些事，因为我们喜欢。同理，被捕获的灵长类动物不用为寻找食物操心，但它们实际上更喜欢觅食，而不是由人把食物盛在大盘子里端上来。它们不**需要**觅食，但它们**想要**觅食。

还有人说永生的一生会"缺少有意义的形态或模式"，[30]但我们也无须担忧这个说法。实际上很难弄清楚这种担忧到底是什么。杰弗里·斯卡尔说"永生的一生像一条无尽的长河，永远蜿蜒流淌，却永远到不了大海。不会有出生、长大、成熟、衰退、死亡组成的拱形结构……那会是没有特定归宿的一生"。[31]

这些当然都是隐喻，只会把这种担忧弄得更加难解。一条永远蜿蜒流淌、永远到不了大海的河，到底有什么不对的地方？为什么觉得它没有（有意义的）形态？它的形态就是由它具有的轮廓形成的。它不是缺少形态，而是缺少终点，但对于不想"旅途"有其结局的人，缺少终点正是有吸引力之处。憎恶我们的有死性的人，不喜欢斯卡尔教授说的那种拱形。他们觉得没有衰退和死亡也没关系，因为二者是通过击打我们，然后毁灭我们才使拱形完整。很难看出谁会想要自己的生命采取**那样的**形式。

结语

人终有一死，这带给很多人严重的焦虑。死的阴影笼罩在我们的生命之中。无论我们是谁，无论我们生活在何时何地，无论我们做什么,我们每个人都知道自己注定会死。我们第一次获得这种认识还是很小的时候。我们尽可能把这个事实挡在意识之外,但它潜伏在表面之下,待我们必须直面自己的有死性时就会冒出头来。这种认识是存在性烦忧的主要触发之一,也激励着寻找意义的努力。我们的有死性是一种难以承受的限度,又是我们想方设法要超越的。但它是一种终极限度,完全无法在任何字面意义上超越。我们不是唯一一群有死者,但就我们所知而言,我们是对自己的有死性感知最为敏锐的有死者。因而有死性是人的困境的一个粗蛮丑陋的要素。

但即使我们当前的生命可能有一个永生的变体,这也不会是好事,例如我们可能愈发衰老,愈加痛苦。此外,假如人普遍永生,那么人口已经过剩的地球会更加过剩。

这不应让我们觉得永生本身是坏事。在特定条件下,永生会比我们过着的有死一生更好。换句话说,终有一死只是人的困境的要素之一。把有死换成永生,而保持人的困境的其他要素不变,会在时间上延长困境,还会引入新的困境要素,除非我们加上我讨论过的那几个条件。但如果我们在这些规定条件下想象永生,它就会比我们目前有死的状况好很多,至少按我的论证是这样。

不同意这个结论并坚持认为永生是坏事的人,不应该从他们的看法中寻求慰藉。即使永生是坏事，也不能由此得出活得更长不是好事。一方面永生是坏事，一方面活得比我们实际活的时间长很多会更好，这也是可能的。同样不能得出终有一死是好事。有可能是这样：我们若是会死，那糟透了；若是不死，也糟透了。有些困境就是这样难以应付。也许如我所见，最好是从来不曾存在过。毕竟，从未存在者不处在任何状况之中，说不上陷入任何困境。从未存在者，注定不会遭受死之厄运。假如你认为在最佳条件下永生也构成一种厄运，那么从未存在者也注定不会遭受永远活着的厄运。

第 7 章

自 杀

只有一个真正严肃的哲学问题,那就是自杀。

——阿尔贝·加缪,《西绪福斯神话》

(London: Penguin, 1975, 1)

引言

即使不像加缪一样认为自杀是**唯一**真正的哲学问题,我们也应该承认它是**一个**严肃的哲学问题。了断自己的性命是一项重大举动,其重大尤在于它不可改变。人无法撤销自杀。自杀就是毁灭自己。但与某些人的看法相反,不能以这个理由断然否定自杀。有一些命运比死还要坏,又只能以死来避免。

我们不能直截了当地说人的困境就是这样的命运,[1] 因此,不能把自杀当作人的困境的解决方案,推荐给所有时间的所有人。这一点的理由之一,如我们在第 5 章所见,在于死(这显然包括亲手对自己实施的死)也是人的困境的一部分。一个人的死显然不解决他终有一死这个问题。第二,像更为一般的死一样,自杀通常不解决无意义问题。实际上,自杀常常使问题加剧。死**能够**解决**自感**无意义这一问题。人死了,就不会再感到自己的生命缺少意义。但我下面要论证,对这个问题,往往可以用另一些不这么激烈的方式来应对。

虽然自杀(像更为一般的死一样)不解决整体上的人的困

境，但某些情形下，自杀会成为对某人境况的合理回应。这些情形就是，生命变得太过劣质，以至于不值得延续下去。[2] 自感无意义也能促成这种局面，但这不是衡量生命质量的唯一考虑。

不过就连在生命质量非常骇人的情形下，自杀也受很多人指责。情况并非向来如此。有些文化相对来说更能接纳自杀，甚至在某些处境下把自杀视为有德之举。其他很多种文化则相反，包括大多数当代西方文化。在这些不赞成自杀的文化中，一般来说，自杀要么遭受道德谴责，要么被视为病态。这种看法有对的部分，也有错的部分。很明显，自杀**常常**是心理疾病所致，或在道德上有错。但是，自杀遭到的责难仍多到了不合理的地步。我将论证，虽然自杀总是悲剧性的（因为总有极大代价），但与人们对待自杀的常见态度相比，我们对它应当少一些道德上和精神疾病上的论断。自杀有时是对某人困境（而非一般而言的人的困境）合乎情理的回应，甚至是最合乎情理的回应。为这个目的，我将先针对自杀总是（或几乎总是）错的这一看法提出驳论，然后讨论自杀可以和不可以得到辩护的情形。

我得赶紧补充一下：我对自杀的辩护是带有很强的限定的。笔者不能在文字里对自杀（的某些实例）表示支持，同时却不考虑到，可能某个绝望之人会读到笔者的文字，忽略其中的限定，贸然结束自己的生命。这个顾虑制造出了很大的感情负担。笔者不想做一个哲学上的冷血混蛋，从效果（而非意图）上等于是对窗边的受苦之人大喊"跳吧"。但同时，笔者想为这样一些人辩护几句：这些人合乎情理地行了自杀之举，却因自行了断而遭到谴责或被视为病态。笔者也想向另一些人伸出理解之手：这些人发觉自己所处的境况如此骇人，以至于死虽有巨大代价，但全盘考虑之下仍是对他们最为有利的选择。笔者还想声明，笔者所述皆为笔者认为之实情，尽管实情也许令人不安。成堆兜售的自助类书籍，对身处绝境之人乃是侮辱。我们需要坦诚又富有同情心地谈论这些困难之事。

虽然分析哲学家关于自杀所论颇多，但关注点几乎全在自杀是否在道德上可容许的问题上，而不在是否有更强的论点可以支持自杀的问题上。此外，多数（但非全部）此类哲学写作在考虑这个问题时，都把它放在绝症或无法承受且难以应付的（通常是身体上的）痛苦的语境中。[3]

在一些人看来，唯有这些境况才是自杀的缘由，或值得一点探讨。另一些人则愿意把讨论范围延伸到有限的一系列其他情况，如涉及无法挽回地失去尊严的情况。至于凭其他任何理由自杀，按这种看法来说，都必定错了。我认为这个看法是错误的。也许对于某人，死并未迫近，而且他既没有承受最极端、最难应付的肉体痛苦，也没有经受无法挽回的尊严丧失，但他的生命仍有可能成为他无法承受的重担,这种可能性我们无法排除。

并非所有忽视其他理由的人都是因为觉得这样的自杀不可容许。其中有些人,或许是考虑到人们普遍对自杀存在反感,就决定只关注自杀最容易得到辩护的境况。这条思路虽可理解,却令人遗憾。如果对一个自主的人来说,他的生命是无法承受的重担,那么自杀就是合乎情理的讨论话题,哪怕别人可能不觉得同一境况下的生命是无法承受的重担。这种自杀虽然比通常讨论的状况下的自杀更有争议,但仍是值得考察的。

因此,我对自杀的探讨会比通常的探讨更为广泛。审视自杀时,我不仅会把自杀看成是在回应人们有时会陷入的最恶劣境况,也会把它看成是在回应另一些境况:这些境况不那么恶劣,但仍可合乎情理地判定为使生命不值得延续。后一类境况包括不太剧烈的身体问题,各种程度的心理折磨,以及程度较轻的尊严丧失,后者(至少对成年人来说)包括依赖他人完成最基本的任务,如进食、沐浴。我还会将自杀视为对生命中的无意义的一种回应来讨论。

除了考察可被自杀回应的一系列更广泛的境况,我还打算不只审视自杀是否可容许的问题,也审视另一个问题,即是否有别的什么论点可以支持自杀,至少是支持某些处境下的自杀。在这一点上,我将不论及自杀是否**必要**,而是论及自杀在某些时候是否比继续生活**更加**理性。

虽然我对自杀的探讨会在上述方面比通常情况更为广泛，但有一个方面，我的论述关注范围更窄。我将不论及法律是否应当以及在何种条件下应当允许自杀。我将主要从伦理和理性层面评价自杀。这种评价会关系到法律方面的规范性问题。例如，如果自杀并非不道德，就不能通过声称自杀不道德来为一项禁止自杀的法律辩护。不过，说明了自杀在道德上可容许（甚或可取），还不足以表明它应该合法。要得出这个结论，还必须抵挡住其他一些主张对自杀施以法律制裁的论证。我恰好认为自杀应当合法，但我就不在这里论证这一点了。[4]

我也不会论及"何为自杀"的问题。诚然，的确存在一些情况，不清楚称其为"自杀"是否合适。例如苏格拉底的死是自杀吗？[5] 他的确喝下（举到唇边，抿入口中再咽下）了致他身亡的毒芹汁。可他这么做，是因为他被判死刑，而死刑的执行方式是饮毒芹汁。他本不愿死，也没有求死。劳伦斯·奥茨上尉的死是自杀吗？他是罗伯特·法尔孔·斯科特的南极探险队的一员，在命途多舛的回程中，他意识到自己的伤势拖慢了队友，使他们有不能安全返回基地的危险。队友不愿抛弃他。一天，他踏进茫茫大雪。他的目的是卸去队友的负担而非求死，但他知道这么做会导致自己死亡。这些固然都是迷人的问题，但我在这里感兴趣的还是自杀的典型案例，即某人从全盘考虑出发，认为死对自己有利，故而杀死自己。虽然也许在某种意义上，这样的人宁愿不死，但给定他们的处境，他们是想死的。如果像这样出于自利而杀死自己不是自杀，那就没有什么是自杀了。我关注的是对自杀的评价，而非自杀的定义。

一旦讨论自杀方面的伦理，马上就会被英语里惯与自杀相连带的动词染上偏见。我们说一个人"犯下"（commit）自杀之举。由于这种用词预设了自杀的过错性，所以我会避免这个动词而采用另一个词，说"实施"（carry out）自杀之举。这在评价上是中性的，既避免了常见的反对自杀的偏见，也避免了不常见的赞成自杀的偏见——"完成"（achieve）这个动词就会显示后面这种偏见。"实施"比"实行"（practice）更可取，因为"实行"隐含着某种持续的进行。最后，"实施"也意味着自杀已经完毕，而不仅仅是尝试过。

自杀一旦成功，结果就是死亡。有些人相信生命会在死后延续。另一些人则把死看作不可逆的自我终止。这两个看法哪个为真，与评价自杀无关。例如，假如死后存在来生，我们就需要知道那种生活是怎样的。死后究竟是比世间生活更惨的折磨，还是生前只能梦想的极乐，这会造成不同。我将像第5章一样假定：没有来生，死即终结。拒斥我的假定而仍希望评价自杀的人，则面临一项难办的差事，即要去证明而不只是断言所谓的来生是个什么样子。

下一节里，我将回应一些惯常用来反对自杀的论证，它们都意在表明自杀永无（或几乎永无）正当理由。我先表明这些论证无效，自杀有时是可容许的，然后到再下一节，我将斗胆涉入更富争议的领域。那里我将主张，全盘考虑之下，自杀有可能是对特定个人所遇困境的合理回应（虽然并不解决这些困境的所有方面），而这会比人们一般认为的常见得多。

回应反对自杀的常见论证

• 自杀之为谋杀

有些人认为自杀是一种谋杀，罪无可赦。与"杀死"（kill）不同，"谋杀"（murder）一词并非价值中立。它标志着过错性（至少是法律语境中的非法性）。因而，所有人，至少是理解这个概念的所有人，都会认为谋杀是错的。分歧产生于**为什么谋杀是错的**，继而是哪类杀死构成了谋杀。举例来讲，你认为谋杀错在夺走无辜之人的性命，那么由此的确可以得出自杀（通常）是错的。然而，仅仅假定夺走无辜之人的性命是错的，不过是在援引未经论证的论点。认为自杀有时可以容许的人明显不会接受这一假定。更具体地说，他们否认自杀可以单单因为杀死自己乃是杀死无辜就受指责。如果自问**为什么**杀死无辜之人通常是错的，我们会发现，或许有一些根据能把自杀与谋杀区分开。

谋杀为什么是错的，对于这个问题，一个令人信服的解释是说谋杀伤害了受害者有权获得尊重的利益。[6] 如果是这样，那么自杀在如下两个条件被满足的情况下就是可容许的：(a) 生命的延续不符合某人的最佳利益；(b) 相关的权利，即生命权，并不排除结束此人的生命。这些条件在理性自杀的情况中通常都能满足。在这样的情况中，生命变成如此的重负，以至于生命的延续要么不符合某人的利益，要么不能合理地视为符合他的利益。况且，由于死者够格做出决定，又同意被杀——毕竟理性自杀就是这个意思——所以生命权没有被侵犯。

对于为什么一个人自杀时其生命权并未被侵犯，有多种理解方式。对权利的一种理解是，与权利相应的职责（duty）只由权利享有者以外的人承担，如果你持这一理解，那么权利享有者就没有对自己的职责。依这一看法，我有消极生命权这一点，意味着他人有不杀我的相应职责，但不意味着我也有不杀自己的职责。所以，一个人理性地自杀时，他没有侵犯自己的权利。

有些人认为，与一项权利相应的职责中，包括一项由权利享有者承担的反身性职责，而这些人会说，我不被杀的权利中，就包括一项由我承担的不自杀的职责。但是,就连这个看法也不蕴涵自杀的过错性。这是因为,一个够格的权利享有者拥有这样的道德权力:对一项权利,他既可以主张,也可以放弃。我对我的财产享有权利,但我可以借出某物,从而放弃这些权利。我享有身体完整的权利,但当我允许外科医生在我身上动手术时,我放弃了这项权利。如果权利享有者缺少这样的权力,那么权利就没有服务于权利享有者的利益,而是成了他的主人。所以,即便权利蕴涵对自身的职责,这类职责也从根本上不同于与权利相关的其他职责。与其他职责不同,反身性职责是职责承担者可以从自身免除的职责(因为他是有权放弃权利的权利享有者)。正是因为这点,第二种权利观,即主张权利有其对应的反身性职责,就还原成了第一种权利观,即否认这些权利有其对应的反身性职责。故而第一种权利观更为可取,因为它比第二种权利观更具理论简约性。

反对自杀的人也许会这样回驳:消极生命权这样的基本权利,不可让渡(inalienable),所以基本权利的享有者不能免除自己或他人承担的相应职责。但权利不可让渡这一假定是有争议的。对该假定提出异议的一个理由是,权利如果不可让渡,就对权利的享有者成了负担而非助益。然而,自杀之可容许,并不依赖于拒斥"权利不可让渡"的主张。认为自杀有时可以容许或合乎情理的人，可以接受权利不可让渡这一点。这些人只需要区分权利的不可让渡性与可放弃性（waivability）。让渡一项权利总是包含着不再继续拥有这项权利。而放弃一项权利，虽然有时效果相同，[7]但常常更为有限。放弃一项权利，可能只涉及在特定时间、特定环境下，针对特定的相应职责承担者，去放弃对这项权利的保护。于是，如果我让渡了不被杀的权利，那么任何人在任何时间都可以杀我，我不再享有这项权利的道德保护，也不能重获这项权利。可如果我只针对特定的人放弃我的权利，我免除的是这个人不杀我的职责，而这人可以是自杀情形中的我自己，也可以是安乐死情形中的另一个人。[8,9]若还有人要杀我，则此人侵犯了我的权利，因为他不在我放弃权利的对象范围内。而如果我改变心意，我还可以重申我的权利，这样就把职责重新施加给此前我免除了其职责的人。

由此可以得出，为捍卫自杀的可容许性，我们不需要单独设定死亡权这项消极权利，而只需要理解，不被杀的权利有一项必然推论，那就是对自杀的许可。

有鉴于此，有些反对自杀的人，也许会否认对自杀之过错的最好解释乃是侵犯生命权。他们主张，自杀所以有错，是因为它违反了一项对上帝而非对被杀者的职责。但这个论证受困于宗教性论证面临的常见问题。最重要的是，其背后的假定很有争议。这些假定不仅包括上帝存在,还包括如果上帝存在,则上帝对谋杀的禁令中包含对自杀的禁令。鉴于那些考虑自杀的人承受的负担比宗教性论证的假定更容易论证,因而前者应该比后者有更大权重,至少对不认同这些假定的人是这样。若持相反的观点,就是凭无法证实的根据陷自杀者于无法承受的困境。

- 自杀之为非理性

上文论证说,生命权因为可以放弃,所以蕴涵对死的容许。这个论证预设了权利享有者在决定是否放弃权利一事上是够格的。有一些批评自杀的人,则含蓄地否认自杀者够格做此决定。批评者说,这是因为一切自杀都是非理性的。因而,杀死自己的人不可能够格。

"一切自杀都是非理性的"这个说法有不同的理解方式,分别对应非理性的不同含义。某人是非理性的,一种情况是他采取的手段不能、也无法合理地认为能够达到其目的。例如,试图靠刮胡子来解渴就是非理性的,因为刮胡子显然不是解渴的办法。相反,喝杯水就是理性的,因为喝水显然是能达到目的的办法。依据对理性(和非理性)的这种"手段到目的"的看法,有些自杀明显是非理性的。自杀不是对达成每种目的都有效的手段。所以当自杀不服务于某人的目的时,它就是非理性的。然而,大概同样明显的是，以手段到目的的理性观来看，自杀也常常可以是完全理性的。如果某人的目的是避开那些只有终止生命才能避开的沉重负担，那么自杀就是理性的。

也许批评自杀的人对非理性的看法并不是这样。也许他们把以自杀为手段的任何目的都理解为非理性。这样来看，自杀之为非理性，不是因为自杀对想要达到的目标来说不可救药地无用，而是因为自杀就是在服务于一个非理性的目的。虽说如果某人想死，那么自杀作为手段是理性的，但想死本身却不理性。

如果想说的是，想死的愿望永远（或近乎永远）不理性，那么这个说法就又很难站住脚了。这样说隐含着生命**永远**(或几乎永远)**不会**坏到死比继续存活更可取的地步。这种看法无疑是条独断，而不是在有理有据地回应人们能够也经常确实发现的自身骇人处境。这样的处境包括某些剧痛，此时唯一的缓解方式（在有合适药物可用的情况下 [10]）是麻木人的意识，而这会降低人的独立性，使人愈发丧失尊严。也包括逐步侵蚀生命的不治之症，以及导致心智或身体机能永久性丧失的不可逆病症。我们也不该忘了忍受赤贫的人、遭遇严重损伤与毁容的人、瘫痪或再也无法控制大小便的人。虽然身陷此类处境时不是人人都想死、不想在同样的境况中继续存活，但一些人宁愿一死，这种偏好并非不合情理。

这驳斥了"承受生命重负的人不适合判断死是否比继续存活更可取"的说法。这些重负并不会模糊心智，使人无法做出明智的判断。相反，这些重负与生命是否值得延续的决定密切相关。实际上，这样的状况下，与其说重负模糊了心智，不如说使心智更为聚焦了。

- 自杀之为不自然

与"自杀非理性"的主张关系密切的，是对自杀的另一个反对意见：自杀是不自然的。主张某种做法因不自然而不道德的论证出现在很多语境中，但这种论证有深刻的缺陷，也无法抵挡很多为人熟知的反驳。说自杀不自然，至少有两种思路。第一，自杀使人早于顺其自然的情况死去。第二，自杀有悖于继续存活的自然本能。

第一种论证假定了人的自行了断不是自然的一部分，因此也假定了道德行动主体的行动在相关的意义上不自然。这个主张是有争议的，但我们也可以暂且承认它。如果自杀在道德上成问题，是因为它导致死亡的发生早于其自然发生，那么拯救生命，至少是拯救那些并非受道德行动主体威胁的生命，就也是道德上成问题的，因为拯救也破坏了一个人的自然命运，[11]导致他晚于顺其自然的情况死去。有些人愿意接受这个结论，但多数人

自 杀　197

把它看作对原论证的归谬。乐意接受原论点在拯救生命时的隐含推论的人则需要解释,为什么改动一个人自然死去的时间是不道德的。自然有什么规范性效力?如果自然的确有这种效力,为什么我们可以用其他方式干涉自然,比如盖房、种地?

第二种论证也并不更好。虽然人类(像其他动物一样)的确有继续存活的本能,但有些状况下,人们也会自然地失去继续存活的意志。我们为何应当遵从我们的自然本能,这一点同样不清楚。暴力与性的本能经常被认为应加以控制,就连认为我们的行事不应违背继续存活之本能的人,也会这样认为。

● 自杀之为怯懦

批评自杀的第四种方式是声称它是怯懦之举。其想法是,自杀的人缺少直面生命重负的勇气,故而"选了容易的出路"。按这种看法,勇气要求在生命逆境面前不退缩,顽强地承受逆境。

回应这一批评的方式之一是否认"接受生命重负总是勇敢的"。一些人对勇敢的理解较为粗糙,会觉得这很奇怪,他们认为坚定无畏地应对逆境一定是勇敢的。然而对勇气更为精致的阐述,会承认刚硬的回应有时是种弱点。谚云,有时"谨慎方为大勇"(discretion is the better part of valor),其背后的道理就在此。依更精致的看法,过度逞能不再是勇敢,而是莽撞,甚至愚蠢。我们一旦认识到勇敢不应该与假勇敢混淆，那么就会有一种可能：生命的某些负担过于沉重，承受这些负担的意义过于微小，此时忍耐下去已经完全不是勇敢，甚至堪称愚蠢。

自杀的人断定死不如继续存活更坏，单单这点不代表让自己死是**容易的**。显然，在某种意义上，他的确断定死比继续活着**更容易**，但这种关系性断言也可从反方向做出。作相反断言的人会判定，在负担沉重的状况下延续生命，不如了断自己的性命更坏。可支持自杀怯懦论的人，却不会据此声称忍受生命重负的人是怯懦的。一个选项比另一个选项更可取，不意味着更可取的选项就**容易**。实际上，无论是带着巨大的负担活着，还是了断自己的性命，都不是没有难处。虽然某个选项会被断定为比另一个更可取，但这种可取的意思是"不那么坏"，而非"更好"。

指责自杀是怯懦之举的人，没能看到自杀一事的要求有多么高。自杀是困难的，原因在于大多数人都受强大的生命冲动驱使，连最终结束了自己性命的人也不例外。

就算有些人失去了**一切**存活意志，但假如活着的负担没那么沉重，还是有很多自杀者愿意继续活着。要自我了断，他们必须克服存活的意志，这殊非易事。因而不足为怪，思量自杀者多，尝试自杀者少，且未遂的自杀多于成功的自杀。

考虑到一些人为自行了断需要下定怎样的决心，再考虑到这些人所处境况多么无望、严酷，很可能，至少有时候，自杀是比活下去更勇敢的选项。

● 他人的利益

对自杀的第五种批评是说自杀的人违背了对他人的职责。从前，自杀不仅受道德谴责，还被视为非法，因为自行了断之人乃是剥夺了国王的一名臣民。[12] 这样一来，自杀被看成是一种对君主的偷窃。今天，这个观点往最好里说也显得古怪，但更可能令人强烈反感，因为这个看法隐含着国王对其臣民的所有权。若不谈国王的所有权，转而谈国家对公民生命的关切，这种想法在现代人的感情中会更容易接受。但是，要让这一观点的此种版本否定一切自杀，似乎还比较难。即使国家关心它的每名公民，每个公民对自己的关切肯定也压倒了国家对他的关切。如果他的生命对他已是如此重负，以至于延续生命不再符合他的利益，则难以看出国家对他延续生命的关切何以足令自杀成为过错。这不是说不可能有这样的状况，[13] 但这种状况基本不可能是常态。

在所涉的他人是某人亲密的家人、朋友，或有时是他负有特殊义务之人的时候，自杀可能违背对他人的职责这一主张是最有力的。如果某人了断了自己，这些亲友很可能遭受巨大的丧失之苦。家人和朋友会丧失亲友,而这个人既是自我了断,家人和朋友的痛苦很可能因此更为凸显。他们可能因该人的自杀而负疚,此种感受使痛苦愈加严重。此外,某人的死会使他无法履行对他人负有的职责。孩子会少一名家长,享受不到他对家长职责的履行(即使此人的配偶还活着)。朋友少了他的陪伴、忠告,他的病人、客户、学生也会失去治疗、服务、指导。[14] 凭这些理由,一些人倾向于认为自杀是自私的。自杀者被说成是只考虑自己,不考虑被自己抛下的人。

像前几种论证一样,这种论证不足以否定一切自杀。也许的确有一些自杀者,相对于他人的利益,为自己的利益赋予了过高的权重。某些生命负担不足以压倒某人对他人负有的职责,这种情况下自杀,确实可算自私。但情况无疑并非一概如此。生命的负担越重,亲朋的利益越不可能有足够的道德权重来压倒想要自杀的人对停止生存的兴趣。而比如家人期盼他们所爱的人在极端痛苦或落魄的境况中活下去,这也很不适当。这样的状况下,这人即使活下去,也不太可能履行对她家人的很多乃至大部分职责。虽然如果她死了,家人会想念她,但是她的状况对于继续生存来讲,负担太重了。这种状况下,自私的做法是坚持要求想要自杀的人活下去,而不是她的自尽之举。

自私论还可能从另一个角度产生反效果。正如有时候自杀的人为他人的利益赋予的权重不足，有时候**不自杀**的人也会犯这个错误。与我前文所述一致，我不认为他人的利益是压倒性的。尽管如此，有一些情形下，某人延续生命的净利益会低到可以忽略，因为这个人反正很快就要死去，她的生命质量也十分糟糕。如果撑尽寿数而不早些自我了断会导致家庭破产（原因是她的医疗花销），那么不去自我了断很可能是过分自私的。

● 死之不可改变

最后一种是不可改变性（finality）论证。死是不可改变或不可逆转的，于是有些人从这个无可置疑的前提推论说，我们因此不应该实施自杀。这个论证有几种形式。

该论证的一个版本提出，除死之外还有别的替代选项，这些都不像自杀那样关闭了所有别的选项。例如，你可以在有负担的状况下仍然享受生命，享受的方式也许是尽力让自己分心。这不需要你忘却负担，只需要不沉湎其中，以此寻求解脱。第二种可能的回应是接受生命的负担，并默默忍耐，也可能是以反讽的心态去忍耐。第三种回应是对自己的困境提出抗议（尽管这完全不可能消除困境乃至缓解困境）。最后这种回应与单纯接受的区别在于，抗议是一种对自身困境的**不容忍**。当他人对你的负担负有责任时，你可以抗议这些负担。不过，抗议不必针对任何人。它可以是某种笼统的愤怒,愤怒的对象是某个没有人(直接)负有责任的不幸事态。(归根结底,即使不是直接负责,一个人的父母对他的困境也是有责任的。不过很多人,甚至包括怨恨自己困境的人,并不愿对父母抱有怨恨。这可能是由于父母与子女间有某种亲密而充满爱的关系,也可能是由于子女意识到父母在生育时并不很清楚利害。)

在"生命负担尚不致死"的这些回应中,的确有值得称道之处,因而在某些状况下,其中的某种回应的确可能最为恰当。例如,如果某人的负担目前相对较小,而自杀(对他人或自己)的代价又很大,那么带着负担享受生命可能确实是最合乎情理的反应。若是负担再大些,但尚可承受,且实施自杀会给负有义务的对象带去更大的负担,那么接受(有时甚至是抗议)自身的状况也许还是更为可取的。然而,指出这些替代选项,不足以表明这些选项永远比自杀更可取。如果某人的境况足够坏,那么即使延续的生命使人得以继续抗议,继续存活也许仍然没有意义。如果能(纵然是以终止自己的方式来)终止某种无法承受的状况,那又何必继续承受乃至抗议这种状况呢?

不可改变性论证的第二个版本指出了自杀和其他选项的一个有意思的差别。如果某人自杀,那么以后他没有机会改变心意,选择另外某个选项。相反,如果某人选择某种不致死的选项，他可以随时逆转自己的决定，选择另一种做法，包括自杀。

认识到这点，对于理解自杀决定的重大是很重要的。然而，不能仅仅因为一个行动不可逆转就断定它不可接受。首先，如果我们总是遵从某种可逆转的行动路线，那么某种意义上，可逆转的决定也变成不可逆转的了。这是说，如果人永远不该选择一条不可逆转的行动路线，那么每到重新考虑的关头，他都走不到自杀这条路上去，因而永远不会把对生命负担的回应方式从不致死的选择改换为自杀。而如果永远不会改换为自杀，那么他虽然还可以改变心意，从一种不致死的回应切换为另一种，但选择不致死的回应本身变成了不可逆转的。第二，更重要的是，一个决定不可逆转，本身并不阻碍它成为最佳的决定。只须在做这种决定时，我们对它的正确性格外有把握就好。

不可改变性论证的第三个版本声称，一个人只要活着，就还有境况改善的希望，一旦死了，所有希望就都失去了。该版本的一个问题是它常常搞错了自杀的目的所在。实施自杀的人不必认为自己的境况**不会**改善。他可能只是断定他当前的境况不可接受，并得出一个结论：无论他的情况以后有多少改善，其结果也完全抵不上其间必须忍受的东西。况且，即使自杀的决定基于对自己未来前景的判断，过于追求生命的延续也不总是理性的。有时候，改善的现实希望并不存在。这样的情形下，某人也许就面临抉择，抉择的一边是他改善境况的可能性极其渺茫，另一边是他在其间将承受极重的负担，这一点又非常确定。理性下注的人不光考虑各竞争选项的质量，还要考虑其概率。那么至少有些时候，即使并不是一切希望都失去了，自杀仍可能是最恰当的。

扩展对自杀的辩护

至此，我已经论证，自杀有时是理性的、可容许的。考虑到有那么多人认为自杀总是不理性的、错误的，我的上述论证很重要。然而，这些论证只支持了一个非常温和的主张，它也是其他很多人已经辩护过的主张。下面，我要辩护一些更广泛的主张。我要论证，自杀可容许且合乎情理的情况比一般认为的更常有。

- **更准确地评估生命质量**

判断某人自杀恰当与否，首要的是自杀所结束的生命的质量。判断方式正确时，如果某人的生命质量低于（或即将低于）使生命值得延续的水平，那么在其他条件不变的情况下，自杀就不是不恰当的。相反，如果生命质量高于那个水平，那么其他条件不变的情况下，自杀就不恰当。不过我们应能估计到，关于生命何时不值得延续，存在很大分歧。

其中一种分歧涉及生命质量好坏的判定标准。有一种分类法很有影响力[15]，它区分了三种生命质量理论：享乐主义理论（hedonistic theories），欲望实现理论（desire-fulfilment theories），及客观清单理论（objective-list theories）。享乐主义理论认为，某一生命的质量，是由该生命具备正面和负面心智状态的程度决定的，正面的心智状态提高生命质量，负面的则降低生命质量。欲望实现理论认为，生命质量是由某人的欲望得到实现的程度决定的，一个人的欲望对象可能包括正面的心智状态，但也包括（外部）世界的种种状态。最后，客观清单理论声称，生命质量取决于它包含多少特定的客观好处与坏处，拥有正面的心智状态，欲望得到实现，当然都要纳入对我们而言客观地好的东西之列。而客观清单理论与享乐主义理论和欲望实现理论有一个区别：客观清单理论认为，有些东西，无论是否带给我们快乐、是否实现我们的欲望，都使我们的生命变得更好。同样，按这种看法，也有一些东西，无论是否导致痛苦、是否挫败我们的欲望，都降低我们的生命质量。虽然客观清单理论内部对哪些东西客观地好、哪些东西客观地坏是有分歧的，但我们也能估计到会有很多共同点。有些东西无法合乎情理地被认为是好东西，也有些东西无法合乎情理地被认为是坏东西。

有时候，这三种看法之间的、内部的差别，与某一生命是否值得延续的问题并不相干。这是因为三种看法会同时认为该生命值得或不值得延续。例如，某人的余生只剩下这样的选择，或是难以承受的痛苦，或是半昏迷的状态，那么这个人就很难有能力实现重要的欲望，他延续的生命也很可能被剥夺许多重要的客观好处。但是，三种看法对特定生命的判断并不总是趋同。在它们的判断相异的事例中，采取哪种看法，这会造成区别。我在这里来不及对三种看法做出裁定。不过，我无论如何都不希望我对自杀做出的有限定辩护依赖于三种看法里的某一种，因为那样一来，尽管我可以为自己偏好的看法提出论证，但仍会有人持另外的看法，而我对自杀的辩护对他们会不起作用。

确定某一生命的质量不只在于确定这一生命在多大程度上满足某种看法为良好生命设立的条件，至少在为了评价终止了这个生命的自杀时是如此。讨论自杀时，我们不仅要考虑某个生命的质量有多恶劣，也要考虑拥有该生命的人**认为**它的质量有多恶劣。在一个层面上，**实际的**生命质量与**感知到的**生命质量是有可能分离的。一个人有可能把自己生命的质量看得比实际质量更好或更差。[16] 当然，在另一个层面上，对实际生命质量的感知构成了一个反馈回路，会影响到生命实际上有多好。因而，如果某人认为自己糟糕的生命没那么差，那么比起他不这样认为的情况，他的生命实际上就会不那么差。尽管如此，我也将表明，把某人对自身生命质量的感知与其生命质量的实际好坏区分开，是有一定价值的。

不同的人，生命质量差异很大，评估自身生命质量的准确程度也有差异。有些人的评估不像其他人那么不准确。不同质量的生命与人对自身生命质量的感知的关系，可依图 7.1 中的横纵轴线标出：某人实际的生命质量越差，它在纵轴上的位置越靠下；某人感知到的生命质量越差，它在横轴上的位置越靠左。把这两方面的考虑结合起来，我们就可以把某人对应到横纵轴界定出的区域里无穷多位置中的任一位置。对生命质量最准确的自我评估是沿带箭头的虚线分布的，在这条线上，人的自我评估精准地追踪了自身的实际生命质量。

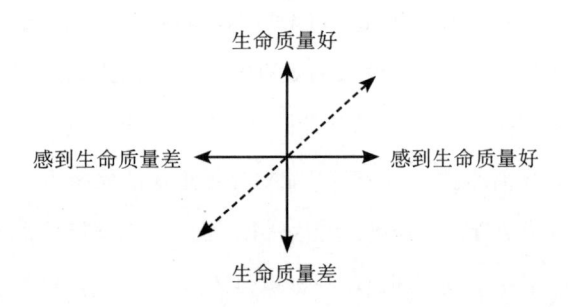

图 7.1 实际生命质量与感知到的生命质量

这与我们对自杀的评估有何相干？首先，自杀最恰当的情况是靠向带箭头虚线下端的情况。这些生命的质量极其恶劣，拥有这些生命的人也知道这一点。他们想死，其中一些人也确实了断了自己。所有认为自杀有时可以容许的人，都会认为自杀者至少有一部分是在这些人中间的。我之前的论证回应的则是不这样认为的人，他们认为即使生命质量如此糟糕，自杀也是错的。

更有趣的第二个方面，是多数人关于自杀的看法中一种重要的偏向。当人们在自杀的话题下讨论对生命质量的错误感知时，多数人关注的是低估自身生命质量的人，关注箭头虚线左侧的人当中那些思量过、尝试过或者成功实施了自杀的人。这些人所计划、所尝试或实际所实施的自杀，被认为是非理性的，因为这些自杀依据的是对他们生命质量的不准确评估。

这种关注的一个奇怪之处在于，对生命质量的自我**低**估实际上远不如自我**高**估更常见。我在第 4 章就曾指出，心理学研究已经相当凿地表明，人类往往过高地看待自己的幸福程度。我们对自身幸福的自我评价确实不可靠，不过几乎总是因为我们把自己生命的质量看得比实际更好而非更差。

认识到人类普遍有高估生命质量的倾向是重要的，原因有以下几点。第一，这会引发一个疑问：那些据说是低估了自身生命质量的人，是否真的低估了生命质量？虽说或许有一些人真的低估了自己的幸福水平，但很有可能的是，那些被他人认为低估了幸福水平的人，其实只是没有做通常的夸大。如果常态就是过高地看待自己的生命状况，那么对自己的幸福有准确看法的人，抑或只是看法的夸大程度小于常态的人，在大多数人眼里，都会像是低估了自己的生命质量。

人们的乐观偏差非常根深蒂固（原因尤其在于这些偏差的演化根源），以至于多数人干脆否认人类有这样的偏差。这又给幻觉增添了固执，使其更加恶化。乐观偏差的证据是十分清楚的。想要诚实地评价生命质量自我评估的可靠性，就必须考虑到这种偏差。承认这种偏差的人，对一些人做出的生命不值得延续的自我评价，就不会那么经常地置之不理。与构成人类主体的那些乐呵呵的乐观者相比，很多悲观、沮丧或以其他方式不快乐的人，对自身生命质量的看法，也许实际上准确得多。[17]不快乐的人的看法很可能更难持有和忍受，但这些人的看法也许更准确，在这个意义上也就更理性。

在高估自身生命质量的人里，有些人假如有了更准确的看法，就会实施自杀（或至少会考虑自杀、尝试自杀）。而我所说的一切都不意味着在全盘考虑之下，他们不自杀是不理性的。虽然他们对自身生命质量的高估是一种非理性，但他们对自己生命质量的感知，即使有误，在全盘考虑之下，也显然是评价其不自杀一事的相关因素。首先,某人对生命质量的感知会影响其实际生命质量。自我感受好于真实情况的生命,实际上就会比没有这种感知的情况下要好。这不是说这样的生命实际上像所感知的那样好,而是说,这种感知对实际生命质量有正面的影响。第二,无论某人的实际生命质量如何,生命给他的感受有多好或多坏,显然也很重要。如果某人自感生命值得延续,那么生命显然就不是让他更想去死的沉重负担,即便客观上说死去会更好。

然而,不尊重某些自杀之举的人应该注意到,针对那些确实低估了生命质量的少数情况,也可以提出类似的主张。他们的那种感知,的确使他们的生命质量比没有这种感知的情况要差。如果他们感到自己的生命不值得延续,那么他们的生命就成了足以让他们更想去死的沉重负担。虽然他们的感知可能有误,因而在这方面是非理性的,但他们对死的偏好可能在另一个方面是理性的——考虑到生命的自我感受是如此的重负,死对于此人或许就是最好的。

那么,也许有人会提出,尽管有这种类似,但高估者与低估者的情况有一个至关重要的不同。当某人真的低估了,我们应该努力说服他相信生命不像他认为的那么坏,而如果说服他就能防止他自杀,则尤其该作这样的努力。相比之下,就某人高估其生命质量的情况而言,我们不应该努力说服他相信自己被骗了,相信自己的生命实际上不值得延续。

这里的确有一个重要的不同，不过我们需要明白其原因所在，以及什么情况下可以消除这种不同。首先考虑这样一个人，他由于真的低估了自己的生命质量而想自杀。我们之所以会努力向他表明他的生命实际上更好，一个重要的理由是我们想以此给他一些宽慰。[18] 相比之下，如果我们去努力说服高估了自己生命质量的人，那么我们实际上会增加他的痛苦，而如果我们有足够的说服力，他甚至可能无法承受，因此自杀。有人也许情愿承受额外的负担，以换取关于自己的真相，但要求他人做同样的交换则完全不同。所以，我们的回应之所以有这样的不对称，不是因为高估者的错误程度比低估者小，而是因为给别人的生命增加负担是错的。

不过重要的是意识到，情况不总是这样。如果某人的生命质量实际上够糟，他的乐观又只会使他的状况更糟，那么由一位善解人意的知己来介入也很可能是恰当的。如下情况无疑是存在的：清醒地看待自己的境况从短期来看增加了负担，还可能引向死亡，但却能免去未来沉重得多的负担。一位可信的朋友或家人，可以在这种情况下恰当地提起这一点。他可以安慰这个可怜人，告诉他没有人能因为他的自杀而合理地记恨他。考虑到反对自杀的禁忌，这样的保证也许能令他解脱。

因此，总的来说，对生命质量的低估和高估理性上都有欠缺。批评自杀的人，一般只关注低估自己生命质量的人在理性上的欠缺。但高估的情况普遍得多。况且，由于高估如此普遍，很多情况下某些人被认为是低估了自己的生命质量，但其实他们并没有低估。对自己的生命质量，他们常常比周围多数人有更准确的估量。但是，自杀是否理性，无法化约为某人是否准确评估了自己的生命有多好。某人对自己生命质量的看法是否理性是一个问题，而给定此人感知的情况下，自杀是否理性，是另一个问题。对自身生命质量的感知是重要的，但不总是决定性的。

- 生命中的无意义能为自杀提供理据吗？

至此，我主要关注的是为回应恶劣的生命质量而实施的自杀。我在第 4 章指出，尽管意义及其缺失是生命质量的一部分，但即使是一部分，也只是其中一个因素。无论你对生命中的意义与生命质量的关系采取什么看法，把自杀（即使只是探索性地）视为专门对生命中的无意义做出的回应都是有用的。如果生命中的意义与生命质量完全不同，那么我们需要知道自杀是不是对无意义的合理回应。而如果与此相反，生命中的意义确是生命质量的一个因素，那么为了确定这个因素在使自杀合乎情理当中起到的作用——假如有作用的话——而把这个因素分离出来，也是有用的。

我在第3章论证了一切人类生命从宇宙角度看都是无意义的。这一事实并不是自杀的理据。理由之一，如我在第5章所论，在于死（在某一方面）总是坏事，哪怕全盘考虑之下它不那么坏。而全盘考虑之下它不那么坏，是因为这时死对避开某种比死更坏的命运是必要的。宇宙性意义阙如本身不像是比死更坏的命运，这尤其是因为某人即使死后，其生命（及其死亡）从宇宙角度看，仍旧全无意义。换言之，死并不消除这个问题。

当然了，对自身生命无意义的**感受**有可能蔓延到、影响到生命质量的其他方面，从而有更广泛的后果。至少从原则上说，某人应对生命的宇宙性意义阙如时，有可能非常悲苦，以至于死不如延续生命更坏。

然而，了断自己的性命虽然可以使人从宇宙性意义缺失的相关烦忧中解脱，但不会**真实地**为一个人的生命赋予任何宇宙性意义。因此，结束自己的生命不是对无意义感的唯一回应，也不是最好的回应。更可取的选择是缓和自己对宇宙性意义阙如一事的主观回应，至少在涉及自杀的时候做一点缓和。诚然，这样的缓和对某些人会比对另一些人要难。也许，有些人除死以外没有别的办法逃脱这种悲苦。

不过，这种情况虽有可能，但除非其他一些条件也成立，否则其可能性不大。例如,如果某人的生命质量(在其他方面)相对较好(即相比于人类常态较好),那么,对宇宙性意义之阙如的思虑,就不太可能使他特别悲苦,以至于全盘考虑之下死已不是坏事。因此,关于宇宙性意义之阙如的忧虑,尚不足以成为自杀的理据。一个人的生命状况必须特别地差,才能让存在性烦忧达到使天平倾斜或为自杀提供多元理由的地步。

在宇宙性意义之外,影响某人生命状况好坏的另一个因素是他的生命有没有某种世间角度的意义。例如,如果某人感到自己的生命有足够的世间意义,那么感到宇宙性意义缺失就不大会让他想结束自己的生命,除非生命质量在其他方面很差。因此,最有可能因生命的无意义而悲苦到可能要靠自杀来解脱的人,会感到自己的生命连足够的世间意义都没有(他们也缺少其他增进生命质量的好东西来补偿这种没有)。这群人可以分成两类:(a)生命中实际上包含足够的世间意义,但自己没有认识到的;(b)对世间意义的缺失有很真切的负面感知的。

鉴于死是坏事,则对于第一类人,更可取的选择应该是理解这样一点:他们的生命虽然可能没有宇宙性意义,但有其他种类的意义。实际上,结束自己的生命很可能破坏他们的生命确实具有的无论哪一种(世间)意义。如果你的生命影响到你的家庭、你的社群甚至人类,因而具有意义,那么结束它就可能真实地减弱这些意义。当然，这一点存在例外，某些情况下一个人的世间意义实际上在于舍弃自己的生命。但一般而言，死会破坏而非增进人的生命的世间意义。

对第二类人，即正确地把自己的生命评价为不仅没有宇宙性意义，而且没有世间意义的人，又该怎么说呢？对这类人的处境，自杀是合乎情理的回应吗？一个考虑是他们能不能为自己的生命注入满意的世间意义。宇宙性意义是所有人都力所不及的。世间意义则在多数人——但并非所有人——的能力范围内。有些人完全无法给自己的生命创造任何意义。他们对任何人都无法起（正面）作用。处于这种状况的人很是稀少，而如果他们能让自己的存在对他人有价值，从而改变原先的状况，那么他们就有了根据认为自己的生命有（某些）世间意义。然而，如果他们完全不能创造足够的世间意义，且他们的生命也没有别的弥补性要素，那么自杀也许确实合乎情理。死仍会是坏事，但很可能不如质量恶劣又全无意义的生命更坏。

上述想法的图示总结，如图 7.2。

- 恢复个体控制权

我们来到世上，就注定遭受种种伤害。伤害的性质和大小因人而异。然而通常情况是，所遭受的伤害总包括一些难以应付的

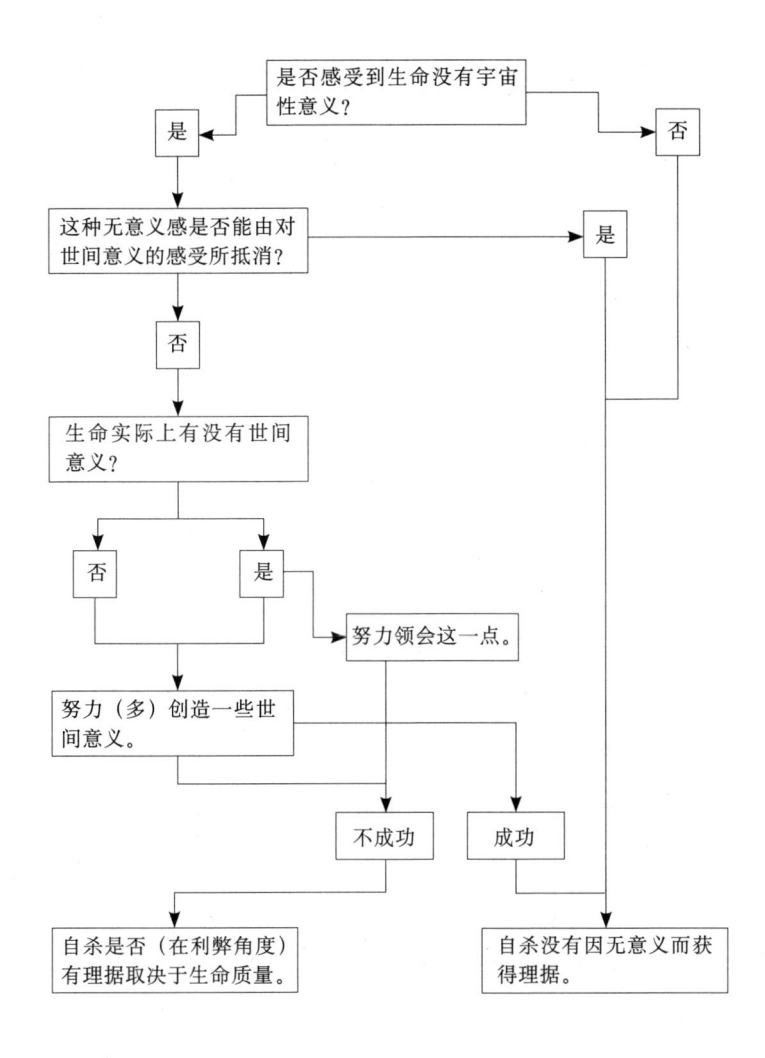

```
                    ┌──────────────────┐
                    │ 是否感受到生命没有宇宙 │
                    │ 性意义?          │
                    └──────────────────┘
          ┌──────────┘          └──────────┐
        ┌───┐                            ┌───┐
        │ 是 │◄───                        │ 否 │
        └───┘                            └───┘
          │
          ▼
  ┌──────────────────┐
  │ 这种无意义感是否能由对 │─────────────────►┌───┐
  │ 世间意义的感受所抵消? │                  │ 是 │
  └──────────────────┘                  └───┘
          │                                │
        ┌───┐                              │
        │ 否 │                              │
        └───┘                              │
          │                                │
          ▼                                │
  ┌──────────────────┐                     │
  │ 生命实际上有没有世间 │                    │
  │ 意义?            │                     │
  └──────────────────┘                     │
       ┌──┴──┐                             │
     ┌───┐ ┌───┐                           │
     │ 否 │ │ 是 │──┐                       │
     └───┘ └───┘  │                        │
       │          ▼                        │
       │  ┌──────────────┐                 │
       │  │ 努力领会这一点。│                 │
       │  └──────────────┘                 │
       ▼                                   │
  ┌──────────────┐                         │
  │ 努力(多)创造一些世 │                      │
  │ 间意义。       │                        │
  └──────────────┘                         │
       │                                   │
    ┌──┴──┐                                │
  ┌─────┐ ┌─────┐                          │
  │不成功│ │ 成功 │                          │
  └─────┘ └─────┘                          │
     │       │                             │
     ▼       ▼                             ▼
┌──────────────┐    ┌──────────────────┐
│自杀是否(在利弊角度)│  │自杀没有因无意义而获 │
│有理据取决于生命质量。│  │得理据。           │
└──────────────┘    └──────────────────┘
```

图 7.2　无意义与自杀之理据

自　杀　217

类型：赤贫（及相关损害）、慢性疼痛、残疾、疾病、创伤、羞耻、孤独、脆弱、不快乐，以及衰老。有时候，这些伤害伴随一生。另一些时候，这些伤害会从头开始侵扰此前尚未遭受它们的生命。例如，不管一个人现在多么年轻结实，终有一天他会衰弱下来，除非别的什么事先一步将他击中。

虽说我们可以做些什么来防止或推迟某些伤害，但我们的命运很大程度上不在我们的可控范围之内。我们可以努力保持健康，但以此能达到的效果只是减小风险，而非消除风险。所以，对于这些伤害是否会降临于我们，我们有一定控制权，但相对来讲很小。

对于我们的生命是否具有世间意义这一点，我们的可控程度有大有小，取决于这个世间意义是否比较广泛。意义越是广泛，我们的控制权越小。对于我们在宇宙层级渺无意味的情况，我们则无丝毫控制权。

而能保证我们不遭受这些命运的唯一一类行为，我们又控制不了，即原本会使我们免于来到世上的行为。这些行为在我们父母（有时是他人）的可控范围内，但从来不受我们的控制。

因此，我们是被非自愿地带来世上，带入这宇宙层级上渺无意味的存活之中的，而这种存活承担着遭受严重伤害的很大风险。我们没有也不可能同意让自己来到世上。我们同样不可能把这个控制权从行使它的人那里夺过来。不过，一个人仍然有可能决定是否终结自己的存活。当然，与将某人带来世上的决定相比，终结自己的存活是一种完全不同的决定。一个人未被带来世上，这对于她不是损失，因为她从未存在过。并不存在的人没有来到世上的兴趣。相反，某人一旦已经来到世上，一般都有继续存活的兴趣。与未曾出世不同，停止存活乃是悲剧。所以是悲剧，理由之一是，停止存活包含着死者的毁灭。而就理性自杀的情况而言，停止存活的悲剧性还在于：继续存活的兴趣被避开生命负担的兴趣超过了。[19]因此，自杀不应该像有时候那样被轻描淡写成对某人困境的一种方便现成的解法。但有时候，自杀仍可被看作最不缺少吸引力的选项。

如果是够格的人判定了自己的生命不值得延续，而所有这些情况下的自杀也都不可容许，那么这些人就被困住了。生命将变成强加给他们的东西，且无论生命分配给他们什么，他们都必须忍受。欲为人父人母者觉得，制造出注定将因此举受苦的人没什么不好，这已经是一件够坏的事了。而更坏的是，造出这些人后，还去谴责他们可能做出的终结自己生命的决定。拒绝给人以自杀的道德自由，就是拒绝让他们在对自己极其重要的一个决定上拥有控制权。

本论证的一些隐含推论，不仅适用于人可能面对的最有害状况，也适用于这样的状况：它们虽然明显很坏，但还算不上生命可能带来的最坏状况。首先，虽然对我们来说，能不困在质量处在（或已降到）最低水平的生命中可能更为重要，但对很多人来说，能不困在虽不那么糟但仍很不愉快的生命中，也非常重要。第二，某人如果停止存活，就不用忍受生命的任何艰难，所以这些艰难都是可以避开的。

当然，我们须记得这一点：一旦我们来到世上，生命的艰难就只有付出一定代价才能避开（而生命的宇宙性意义阙如连死也无法避开）。因而，要让自杀合乎情理，那些艰难必须糟糕到可以值上代价的地步。但很明显，这样的权衡很大程度上不仅取决于某人生命质量实际上有多差（甚或它在某人的感知中有多差），还取决于某人对某种质量的生命赋予了多大价值。人们往往为生命本身赋予很大价值，因而在死与某种不幸境况中的生命之间偏向于生命。但也有一些人对生命赋予**相对较小**的正面权重，而对生命质量的降低赋予相对较大的负面权重，而这些人并不显然不合情理。实际上，有些人可能论说这样才更为合理。他们可能会说，我们对生命赋予的高价值，至少很大程度上是受了原始的生物性生命冲动的影响，而那种冲动是我们与其他动物共有的一种强烈本能，它是前理性的，然后才在人类这里被理性化。我们为生命赋予价值的态度有这样的生物性起源，这绝不表明生命没有价值，但认识到生命冲动有其古老的、前理性的演化根基，确实会引发我们去质疑我们可能会有的一些错觉，即以为生命被赋予价值的程度完完全全产生于仔细而理性的慎思。如果有人说，虽然他愿意继续活着，但这个偏好没有强到愿意在不快的境况下活着，那么这没有什么不合情理。对生命负担的容忍度较低的人也许认为，当那些负担可以终止的时候，坚持忍耐会是愚蠢的。因此，也许我们是该对自杀（以及更为一般的死）少一点反感，而这**不是**因为伊壁鸠鲁派说死并非坏事是对的，而是因为，生命比我们以为的要坏得多。

结语

自杀往往令人震惊。这不只因为自杀所致的死亡常在闻者意料之外，也因为这些死亡悖逆于深层而自然的自保本能。人类像其他动物一样，都会尽力推迟自己的死。如果除死之外的唯一选项是遭受很大的艰难，人们通常愿意遭受这份艰难，尽管死去就可以结束这份艰难，且死者也不会活着追悔自己本来还能拥有的生命时光。若非如此，我们该怎么解释癌症患者会因为治疗能多给她的几个月时光，去忍受折磨人的副作用，又该怎么解释集中营狱友会为活过大屠杀而忍受"粪便摧残"

(excremental assault），即以粪便和其他人体排出物施行的彻底玷污与侮辱？ [20]

了断自己性命的人，尤其是其中一些生命质量远没有癌症患者或集中营囚徒那么差的，他们冒犯了常人的生存意志，于是被视为反常，而这不仅是统计意义上的反常、罕见，还是道德或心理意义上的反常、有缺陷。而我已经论证了，这种回应是不恰当的。自杀有时在道德上有错，也有时是心理问题的结果。然而，自杀并不总该受这样的批评。如果我们从我们那强大的生存本能和乐观偏见退后一步来看问题，那么结束自己的生命就可能显得比继续活着要明智很多，尤其在生命的负担很是沉重的时候。此外，有些人已经谨慎思虑过这件事，决定不想再忍耐他们这份从未经过自己同意的生命负担，那么对他们加以指责就很不合适。这些人应当考虑他人的利益，特别是家人和朋友的利益。就其本人自愿为其承担义务的人（如配偶和子女）而言，这一点尤其成立。从道德上说，这种联结和义务的存在将压倒较轻的负担。但是，一旦生命负担达到某个严重程度（一部分是由其本人对自身生命价值与质量的评估决定的），那么期望这个人为他人的利益活下去，就变得很不合适了。[21]

第 8 章

结 论

她们跨在坟墓之上生产新生命,光明只闪现一刹那,跟着是黑夜复临。

——萨缪尔·贝克特,《等待戈多》

(London: Faber and Faber, 1965 [1956], 89)

人的困境概说

人的困境有几个环环相扣的要素。首先,像一切生命一样,人类生命从宇宙层级看全无意义。它不从属于某个宏大的设计构想,也不服务于更大的目的,而产生自盲目的演化。我们的物种如何出现,这可以**解释**;但我们的存在没有**理由**。人类不断演化,又终将灭绝。宇宙对我们的到来是漠然的,对我们的离开也将漠然(显然,宇宙漠然,不是因为它有态度却单单不关心我们,而是因为它完全没有态度)。人类的一切伟大成就——建筑、纪念碑、道路、机器、知识、艺术——都将坍塌、损坏、消亡。一些残迹可能遗留下来,但只会遗留到地球本身毁灭。届时,一切就像从未有过我们一样。我们的整个物种如此,个体成员更是如此。

这不意味着人的生命**没有**意义,但这种意义是严重受限的。人类生命唯一能有的意义是某种世间角度上的意义。尘世间,越是广阔的意义,越是难以获得。我们中的多数人产生的影响是很小、很局部的。在我们死后一两代人的时间里,一旦我们影响过的几个人也死去了，我们就会被忘却。[1]

至少按照某些看法，生命有或没有意义的程度是某人生命状况的衡量标准之一。它无疑不是唯一的标准。另一些方面也会影响一个人的生命质量。全盘考虑之下，人类生命质量不仅比多数人认识到的要恶劣得多，而且实际上就是相当差。到底有多差，这因人而异。有的人比别人更不幸，但即使相对幸运的人，情况也并不好，至少长远来看是这样。这不是说生命每时每刻都很糟糕。这是说，生命包含很多惯常被忽视的严重风险与伤害，而在一个人的生命中，这些伤害迟早要达到彻底离谱的规模。某些命运极为骇人，例如被活活烧死、癌症转移遍布全身或失去所有家人，但它们不会因为骇人就绝不降临于某人——人确实可以做些什么尽量减小坏的结果，但这些结果不会因自身的恐怖就保证不出现，这一点有大量的恐怖事例可以生动地证明。

有人也许想这样回应：如果生命这么糟糕，这么无意义，想必死该是件快事。然而不能这样推论。首先，我们会死这件事，是生命缺少意义这一情况确有所谓的部分理由，它催生出了对意义的渴望。如果我们并不以这种方式在时间上受限，那么意义对我们就不会这么重要。若能永生，我们对留下某种印迹或服务于某个目的的需求很可能减弱甚至消失。第二，人的困境之所以是困境，正因为我们进退两难。生是坏事，但死也一样。

死之为坏事，不仅是由于它剥夺某人未来的好处，还因为它毁灭这个人。这一点的结果是，即使全盘考虑之下，由于死并不剥夺某人的任何好处，至少不剥夺能抵过未来坏处的那么多好处，于是死不是坏事，但由于有毁灭的因素，死仍然非常坏。死唯一不坏的情况，是某人在（生物性）死亡前已被毁灭，例如已陷入晚期痴呆或植物人状态。这种情况下，该人在生物意义上死亡之前已被毁灭，甚至已经在心理意义上死亡。

在可能发生在一个人身上的各种事情中，死不是最坏的，因此，说死是坏事，并不意味着永生在全盘考虑下会是好事。在不少假想情境中，永生确实比死还坏。但永远活着是极其漫长的时间，因此即使永生是坏事，我们不能比当前人类寿命活得更长，这一点也仍然可以是坏事。但我们应该进一步这样说：在恰当的特定条件下，永生选项确实会很好。这当然只是一个理论性的考虑，因为终有一死这一点深植于实在事物的本性，以至于我们永无可能真正永生。但仅凭永生之不可得，并不能驳斥如下说法：在正确的条件下，永生不死好于终有一死。

关于自杀，有两个重要之点要说。第一，由于人的困境的一个要素就是**存在着**比死更坏的命运，所以自杀必须是一个选项。对于一个被强加了生存的人，如果继续生存变得无法承受，那么不让他有退出选项实属悖理。第二，由于死不仅对死者是坏事，而且对比死者活得长久的挚爱之人也是坏事，所以，用"活着这么糟，那你去死好了"来回应对人的境况悲观的人，是轻浮而冷血的。这样的回应，完全未能对人的困境有所领会。

人的困境，事实上是非人的（*in*human）困境，因为它实属骇人。非人主要是在比喻的意义上说的，因为"非人"意指残忍，而残忍预设行动主体性。但显而易见，人的困境在根本的、压倒性的意义上，不是任何行动主体造成的，而是生自漠然对待我们的盲目的演化力量。

当然，行动主体性演化出来后，残忍就在更字面意义上加剧了人的困境。人对人造成了巨量的苦难和死亡。欺骗、侮辱、背叛、剥削、强奸、折磨、谋杀等等，都使人类个体的困境更加严重。行动主体性在人的困境中起某种作用还有一个途径，就是生育，一种散播生存也散播生存困境的性传播"病毒"。这种困境再生产，通常不是残忍的产物。就那些并非有意的生育者而言，通常的原因是疏忽和漠然；至于的确以生育新人为目标的人，通常的原因则是自私或者搞错了的利他主义。

（再谈）悲观与乐观

我曾在引论中说，若某种看法对人的境况的某个元素做了负面色彩的描绘，我就称之为悲观，而若某种看法对人的境况的某个元素做了正面色彩的描绘，我就称之为乐观。具体到某一情形，悲观与乐观看法哪个更准确，我这种用词对此并不带有倾向性。这种用词并不从定义上把乐观者说成是描绘了**过分**美好的画面，抑或把悲观者说成是对世界有**过分**黯淡的看法。称某种看法为乐观还是悲观，取决于它是一幅美好的画面还是黯淡的画面。至于某种看法是否**过度地**美好或黯淡，抑或它是否准确，则是要分开来谈的问题。

所以，某种看法之为悲观，本身不该成为赞成或反对这种看法的理由（当然对乐观的看法也一样）。事情是怎样就是怎样，而最好的论证支持某些评价，不支持另一些评价。事情有多好，就应该被视为有多好，有多坏，我们就应该认识到它有多坏。当我们有充分理由乐观时，悲观就属于误判，而当我们有充分理由悲观时，乐观就属于误判。例如，一个年轻人身体健康，而且不面临特殊的危险，那么他对自己活到下个生日的前景持悲观看法，通常就属误判。他死于这次生日前的可能性不是没有，但很小。相反，同样是这位年轻人，他若对自己成为百岁老人持悲观看法，那就是正确的悲观。活到那个岁数不是不可能，但可能性不大。

因此，悲观和乐观都无法笼统地加以辩护。我们对一些事应该乐观，对另一些事应该悲观。我已经论证，看待人的境况需要一剂悲观态度的猛药，不过，也存在有限的乐观态度的余地。例如，虽然宇宙性意义无法获得，但并不能由此得出，任何事情从任何角度看都不重要。有些事情是重要的，尽管并非在永恒观点下重要。关爱家人、看护病人、教育孩子、缉拿罪犯、打扫厨房等等事情，从宇宙角度看都不重要，但不能因此就不去做。若不做这些事，当下及近期内人们的生命都会比做了这些事的情况糟糕得多。

我们的生命从某个有限的世间角度看有意义，对此，我们应该抱持一定的乐观，但这并不意味着我们应该对更大的图景乐观。我们不应该认为，我们的生命所能有的意义多于其实际上所能有的意义。我们也不应该以另一种想法麻痹自己，即认为由于更广阔的意义无法获得，所以具有这样的意义不是好事。

即使悲观的看法是恰当的，大多数人还是会排斥，而所涉是对人的境况的某种根本上悲观的看法时，更是如此。对很多人来说，真相完全是难以承受的。于是，我们可以发现各种强化乐观态度、削弱悲观态度的尝试，有的微妙，有的直白。

首先，很少有人喜欢爱抱怨的人，正是因此我们才有"你笑，世界就和你一起笑，你哭，你就一个人哭"这样的格言。[2] 有很大的社会压力让我们装出勇敢的面孔和快快乐乐的样子，这种压力常常是未加明言的。³ 当然，并非所有悲观者都显得满腹牢骚，但悲观看法如此经常地隐藏起来，不为人所见，这只会减少人们接触这类看法的机会，使这类看法愈发显得反常。

第二，悲观被认为是过度消极甚至常是病态的。悲观有时的确是这二者之一或二者兼有，但并不总是如此。有时候，乐观看法不准确，悲观看法才准确。这正是我关于人的境况所论证的观点。此外，乐观也能达到病态的程度。当然，关于什么构成心理病态还有一些争论，但如果妄想状态（不论在人群中有多普遍）和适应不良的行为可以作为诊断的一部分依据，那么"躁狂的"乐观状态有时是能与此相符的。

第三，悲观有时被当作一种"硬汉"态度而遭无视。这种想法认为悲观者是在说"我够坚强，能正视事实"，⁴而"你们乐观者都是弱鸡"。这种指责是带有偏见的。把一种态度称作硬汉是贬损的说法，表示这种态度是在逞强，而非展示勇气和智性诚实。因此，问题在于是否能合理地把悲观态度说成是逞强。我认为不能。毕竟，悲观态度是在哀叹这糟糕的人的困境，体察这世上的巨量苦难。用"硬汉"一词形容能体恤人心的叹惋者，听上去明显是个误用。这个词用在假装一切都好（而其实不好）的看法上才算合适得多，更不用说用在认为悲观者不应该再哭哭啼啼的人身上。

结 论

这不意味着没有趾高气扬的悲观者。然而，也有些乐观者，他们的逞强至少达到了最为"硬汉"的悲观者的程度。比如，想想某部围绕乐观与悲观主题的论文集的下述献词："献给我的父母，他们一直相信我，还教给我一个道理：只要足够努力，一切皆有可能。"[5] 言下之意是，失败意味着不够努力。而形势与人作对的可能性（以及有些情形下无论多么努力都达不到目标的可能性）就被这种乐观态度忽略了，[6] 有人也许觉得这种乐观是虚张声势。[7]

回应人的困境

我们应该如何回应人的困境？一种显而易见的回应是不再制造新人，从而不再让困境持续下去，因为新人一旦出世，必不免于同样的困境。每次出生，都是一次等待中的死亡。每当听说一个孩子诞生，你必须明白，这个新人的死去是迟早的事。夹在生死之间的，是对意义的一场拼争，和为抵挡生命苦难的一通孤注一掷的努力。这就是为什么关于人的困境的悲观看法会引向一个反生育的结论，即我们不应当生育。[8]

诚然，生养子女有助于应对人的困境。子女是创造一些世间意义的途径之一。而且，子女还可以提高父母、兄弟姐妹和他人的生命质量。但是，这不能用来为生育正名。之所以如此，次要的理由在于创造意义、提高生命质量还有其他的方式。更重要的理由是，为了获得这些好处而造出小孩，算得上参与了一场生育上的庞氏骗局。[9] 每一代人都造出新一代人来缓解自己的境况。这像所有庞氏骗局一样无法好好收场。不可避免，总会有最终的一代。而最终的一代越早来临，就越少有人被强加生存并因此被强加人的困境。

是否生育的决定只是人生的一部分，所以我们还需要问问，回应人的困境有什么**别的**方式。我们可以避免造出新人，但我们自己已然存在。对于我们身处其中的困境，我们该做点什么？

由于最激烈（因而也最有争议）的回应是了断自己的性命，我辟了专章考察自杀。我为自杀这种回应提供了一份非常有限定的辩护。当生命质量差到让生命不值得延续时，自杀是一种理性的回应，乃至是**唯一**的理性回应，除非他人的利益足够强，能盖过一个人（在全盘考虑下）对死的慎思关切。我否认了永恒观点下的意义缺失能提供结束自身生命的合理根据。对于一切意义的缺失，甚至是世间意义的缺失，最佳的处理方式不是了断自己的性命，而是努力为自己的生命赋予一些意义。在赋予意义上的无能为力，也很可能是一个影响因素，影响到任一思虑自杀的人对生命质量进行的必要评估。

然而，自杀不是唯一的回应方式。实际上，自杀只回应了人的困境的某些方面。自杀可以处理生命质量恶劣的问题，它移除了这种境况下继续生存的负担。但自杀通常不增添意义，[10]尽管它能消除对自身生命无意义的**感受**。最最显见的是，自杀解决不了死是坏事的问题（即使在全盘考虑下死并不坏）。相反，自杀加快了这种坏的来临。

因此，我们需要考虑其他的回应方式。某些方式在被采用时，并没有被明确当成是回应，因为采取它的人对人的困境并没有自觉的认识。也许此人自觉认识到悲观者**认为**存在着人的困境，但其回应则是去**否认**困境。一系列实质性的乐观态度就这样构成了对人的困境的一类回应。我在前面几章里考察了这些乐观回应，并论证了为什么我们应该拒斥它们。

当然，我的论证并不预设我们应该拒斥不真的看法。对这一预设，可以用如下主张回应：即使乐观态度的断言为假，也有很好的实用主义理由接受乐观态度。毕竟，乐观使生活安逸了很多。乐观有助于一个人面对人的困境的一切恐怖真相，这样就减轻或缓和了困境。即使人的困境当中较为客观的要素无法避开，至少我们应能免遭那些可以避开的主观要素的侵袭，而这些主观要素就包括对客观要素的感知。

我们需要更仔细地思考这种实用主义论证包含什么。这种论证用来为他人的乐观信念辩护时是最有效的，因为如果某人真心相信乐观看法，其助益效果会最为明显，但是，提出实用主义论证的人则无法完全相信乐观看法，因为这些人知道那只是一种安慰剂。因而它也许会作为另一番论证的基础，用来支持用乐观的世界观培养孩子，或迁就有这种世界观的人。然而如我在第1章所论证的，乐观态度不是无害的镇痛剂。它虽然抚慰了乐观者，但对他人会产生有害的效应。

如果用实用主义论证来为一种分隔式（compartmentalized）乐观态度辩护，上述有害效应会减轻，但也无法完全避免。这样的乐观者可能会说："我能认识到人的困境。它的确很可怕，但我想采取一种乐观看法帮自己应对。我会在潜意识里继续对困境有所察觉，但会把那些思虑分隔开，至少努力去分隔开。"

这个观点就没有那么不合情理，因为它认识到了困境，以求正视现实，同时也寻求某种解脱。我们可以把这种回应称为"实用主义乐观"。这种回应引人担忧的地方主要在于分隔能不能有效维持住。这里有两重危险。一个危险是，在乐观态度笼罩下，对困境的认识会黯然失色，乃至乐观态度会不受抑制，变得更加危险。举例来说，如果某人忘记了人的困境，他就可能去造出更多的人。与此相对的危险是，若把悲观态度记得足够牢，则会抵消乐观态度的正面效应。

也许有人能在这两种危险之间驶出一条航路。不过对于能力强的航行者，还有另一个更可取的选项。与其在乐观与悲观之间行驶，我们完全可以拥抱悲观看法，但又航行于自己生命中的悲观潮涌之间。完全可以既做一个旗帜鲜明的悲观者，但又不整天沉溺于这些思绪。这些思绪也许会常常浮现，但我们可以忙于种种创造世间意义之事，提高生命质量（为自己、他人及其他动物），并"拯救"生命（但不创造生命！）。[11]

我把这种策略称为"实用主义悲观"，它同样使人有应对的能力。像实用主义乐观一样，这种态度也力图减轻而非加重人的困境。但是，它比实用主义乐观更可取，因为它保留了对困境毫不含糊的认识，不会为了让困境与乐观并存而把困境分隔开。这种态度容许从现实**分心**（distractions），但不容许对现实的**否认**（denials）。它使得一个人的生活不会像任由自己被困境压垮的情况那么坏，不会那样终日沮丧、无法生活，但这种态度也并非不能容纳一个人在某些时刻或时段，对自己的被迫接受不可接受之事感到绝望、气愤或发出抗议。

虽然我把实用主义乐观与实用主义悲观说成是对人的困境的两种（不同的）回应，但这是一个简单化的分类法。例如，对现实的否认，与从现实分心，两者并没有截然的区别，这尤其因为"否认"一词是有歧义的。"否认"一词可以在字面意思上使用，但有时也有更为比喻性的用法，即我所说的分心。[12]于是实际上，从彻底陷入妄想的乐观，到有自杀倾向的悲观，整个范围内有各种各样的回应。自杀在绝境中或许是更可取的选项，但若没到那个地步，我还是推荐大体从实用主义悲观的区域内选出一个回应。

有些悲观者可能认为，对人的困境的恰当回应比我所推荐的要更极端。他们可能会主张，我们应该直面自身的困境，不从困境的恐怖上分心。然而，我看不出要求我们持这种立场的理由何在。直面现实是一项优点，但不是唯一的优点。请想象一个人患有不治之症，估计几个月就要死去。能认识到这个事实并加以认真思考，这对她是好事，但如果一心与迫近她的死亡对峙，以至于不肯跟家人、朋友共度时光，怕后面这样就算是从思忖即将到来的死亡中分心，那就不好了。把整个一生用来思考自己的困境也一样不好。实际上，难以想象一个人如果那样一门心思，还怎么可能过上无论怎样的一生。那样就要停止工作和进食，因为这些毕竟也是（或可以是）令人分心的事情。

我勾勒了对人的困境的各种可能回应，推荐了其中的一些，拒斥了另一些，而这时，我并不无视人和人在性情上的差异。有些人的性格天生阳光，另一些人则更容易有灰暗沮丧的心思。让人缓和自己的本能反应是很难的。对阴郁的悲观者，你可以为了他好，建议他到别的事情上分分心，但这说来容易做来难。同样，你可以对乐观者提出不知多少论证，但倾向于乐观的性情也许就是根深蒂固，使他的乐观态度即使不是无法矫正，至少也难以应付。

除了人的困境以外，人类个体也有自己的个人困境，有些人的困境比其他人更严重：同等条件下，穷人的状况不如经济条件优渥的人，病人的状况不如健康人，面貌丑陋者的状况不如好看的人，最阴郁的悲观者的状况不如其他人，包括不如有能力驾驭悲观态度对生命的负面影响的悲观者。

冷眼细看人的困境，我们会看到一幅令人不悦的图景。然而，强大的生物本能会阻碍我们充分认识人的困境的糟糕程度，这可以解释为什么那么多人在大部分时间里能把它成功地抛诸脑后。这是福也是祸。无知是人生的止痛剂，但那些不能充分感受人的困境有多沉重的人，也将是困境向新的世代传播的载体。

注 释

序言

1. David Benatar, *Better Never to Have Been: The Harm of Coming into Existence* (Oxford, UK: Oxford University Press, 2006).
2. David Benatar and David Wasserman, *Debating Procreation* (New York: Oxford University Press, 2015). 请注意该书的前半部分（包括第3章），是我单独完成的，所以这部分的观点不应该认为是戴维·沃瑟曼也同时持有的，我是在跟他辩论生育伦理问题。

第1章 引论

1. 或对**何时**发生看法不同。斯坦尼斯瓦夫·莱茨（Stanislaw Lec，波兰格言作家、诗人，1909—1966）有句名言："乐观者与悲观者的分歧，仅在于世界末日的日期。"应该指出，莱茨本人卓有成效地推迟了自己的离世之日。他在大屠杀期间，两度试图逃离一座德国劳动营，失败后被判死刑，还被带去挖自己的墓。他用铲子杀掉看守，成功逃脱。

2. 一个悲观的笑话说，虽然有人认为杯子满了一半，有人认为杯子空了一半，但两者都错了，因为杯子里实际上空了 3/4。（更悲观的版本说杯子完全空了。）

3. James Branch Cabell, *The Silver Stallion* (London: Tandem, 1971), 105. 此措辞不尽完善，因为"这"有歧义，既可能指乐观者提出他的说法这件事本身，也可能指乐观者说法的内容。好一点的措辞应该是：'乐观者宣称，我们生活在所有可能的世界当中最好的世界；悲观主义者担心，**乐观者说的这话恐怕是真的。**'

4. 例如参见 John Martin Fischer、Benjamin Mitchell-Yellin："悲观者的想法是，设定了永生，深深的厌倦就随之而来……生命会变得可说是死气沉沉。"("Immortality and Boredom," *Journal of Ethics* 18 [2014]: 363.)

5. 对各单点加总时，如果它们重要性不同，可按其重要性高低赋予权重。

6. 这说的不是金钱上的代价。

7. 这一点，我在第 3 章 "有神论的招数" 一节会多谈一些。

8. 曾有人对我表示，多数人并非不在意动物的苦难，但对于多数人，只有让他们接触到动物苦难的生动影像，对这种苦难的在意才会激活。但即使如此，多数人对人类的关切毕竟大得多，而这就足够证明我的观点了。

9. 下面要讲一桩逸事，此事**不算**这般痛斥的一例。2010 年，曾写文回应《最好从未出生过》的伊丽莎白·哈曼（Elizabeth Harman）告诉我，她怀孕了，我回以默然。她接着说我必须为她高兴才是。我大致是这样回答的："**我的确**为你高兴。我是不为你怀上的孩子高兴。"（之所以把这桩逸事复述一番，还用了真名，是因为伊丽莎白·哈曼本人已经在一场研讨会上公开讲述过此事，我想她不会反对我讲。我听到过别人讲这件事，但所述不确，所以在此陈明实情。）

10. 我收到大量以这种笔调回应《最好从未出生过》的来信。

第 2 章 意义

1. 我在这里想到了那个讲夏洛克·福尔摩斯和华生医生外出露营的笑话。二人在半夜醒来，有如下对话：

> 福尔摩斯：华生医生，往上看，告诉我你看到了什么。
> 华生医生：我看到了满是星星的天空。
> 福尔摩斯：那你由此推断出了什么？
> 华生医生：我推断出，我们是浩瀚宇宙当中微小而渺无意味的存在。
> 福尔摩斯：不对，你个蠢货！有人把咱们的帐篷偷走了！

2. 这里我预设了索尔·克里普克（Saul Kripke）关于起源之必然性的看法，见 *Naming and Necessity* (Cambridge MA: Harvard University Press, 1972), 111–114。这一看法也为德里克·帕菲特（Derek Parfit）接受，见 *Reasons and Persons* (Oxford, UK: Clarendon Press, 1984), 351–352。
3. 这一生本身常常仅用出生和死亡日期之间的一个连接号表示。
4. 理查德·泰勒（Richard Taylor）提供了一个类似的例子，讲的是一栋房屋的废墟，见 "The Meaning of Life," in *Good and Evil* (Amherst, NY: Prometheus Books, 2000), 328–329。
5. 更复杂的细节在所难免，但人们主要关心的问题（自己的生命**有没有**意义）还算清楚。
6. 之前持有过这种看法的一些哲学家后来改变了看法。例见 Philip L. Quinn, "The Meaning of Life According to Christianity," in *The Meaning of Life* (second edition), ed. E.D. Klemke (New York: Oxford University Press, 1999), 57; E.M. Adams, "The Meaning of Life," *International Journal for Philosophy of Religion* 51 (2002): 71。
7. 见《牛津英语词典》(*Oxford English Dictionary*)。
8. Tatiana Zerjal et al., "The Genetic Legacy of the Mongols," *American Journal of Human Genetics* 72 (2003): 717–721.
9. 易多·兰多（Iddo Landau）提出过这种想法。他谈到"足够高的所值（worth）或价值（value）"是有意义的一生的必要条件，见 "Immorality and the Meaning of Life," *Journal of Value Inquiry* 45 (2011): 312。
10. 苏珊·沃尔夫（Susan Wolf）即持这一看法，见 "Happiness and Meaning: Two Aspects of the Good Life," *Social Philosophy and Policy* 14 (1997): 207–225。
11. 有些人觉得，用"他"及其他此类代词泛指两种性别或未指明性别的人，是性别歧视的做法。对于此种用词并非性歧视的论证，参见 David Benatar, "Sexist Language: Alternatives to the Alternatives," *Public Affairs Quarterly* 19 (January 2005): 1–9。

12. Thomas Nagel, "The Absurd," in *Mortal Questions* (Cambridge, UK: Cambridge Uni-versity Press, 1979), 13.
13. 出处同上，21。
14. 保罗·爱德华兹（Paul Edwards）区分了"宇宙性的"与"世间的"角度。参见他的"The Meaning and Value of Life," in *The Meaning of Life* (second edition), ed. E.D. Klemke (New York: Oxford University Press, 1999), 143–144。
15. 原则上，宇宙角度和人的角度之间还有很多角度，比如可以谈论星系的角度、行星的角度。但是，对于人的目的来讲，那些角度从功能上跟宇宙角度没有区别。
16. "永恒观点下"一词在哲学家口中是相当常用的。我之前把它与"人类观点下"相对比；参见 *Life, Death and Meaning* (Lanham, MD: Rowman & Littlefield, 2004, 2010); *Better Never to Have Been* (Oxford, UK: Oxford University Press, 2006)。"在社群观点下"一词，我在这里是第一次用。当然，更进一步的细分也是可能的。例如，从家庭角度看有意义的生命，我们可以称之为具有家庭观点下（*sub specie familiae*）的意义。（感谢 Gail Symington 和 Clive "Chuck" Chandler 对正确拉丁语词形的建议。）
17. 我们可以区分个体意义的不同时间范围。所以，某事物可能在某人一生中较短的时段里对他或她有意义，也可能在他或她的整个一生里有意义。显然，持续时间较短的意义比持续时间较长的意义还要有限，但我将不再细究这个细微差别。
18. 很遗憾，没有一个用语能跟另外三个用语整齐相配。我只好用"个人观点下"（*sub specie hominis*，意为个体人类的角度）。用"各个人观点下"（*sub specie cuiusque hominis*）或"单个人观点下"（*sub specie hominum singulorum*）或许能表述得更明白，但无疑也更繁琐。
19. 泛灵论者可能会不赞同这点，但我在这里就不针对他们的立场进行争辩了。
20. 这个问题本身也许就不融贯，这取决于到底怎么来理解这个问题，但我们在此不用考虑那些复杂之处。即使这个问题是融贯的，它也恰好不是存在性焦虑的源头。
21. 意义主观论和意义客观论的区分是常见的。种种区分方式有微妙的不同，而人们对这些区分方式也常常没有精确的定义。我用这些术语，遵循的是我这里的定义。
22. Richard Taylor, *Good and Evil* (Amherst NY: Prometheus Books, 2000), 323.
23. Susan Wolf, "Happiness and Meaning: Two Aspects of the Good Life," *Social Philosophy and Policy* 14 (1997): 211; Susan Wolf, *Meaning in Life and Why it Matters* (Princeton, NJ: Princeton University Press, 2010), 9.
24. 在讨论自杀的第 7 章，我考察客观的无意义，也考察主观的无意义。
25. 以及针对环境的福祉，不过我在这里专谈动物。
26. 在这里还请记起我所说的一点：我们不应该在过于字面的意义上理解"角度"。
27. 对意味与值得载入史册之事的比较，可见 Guy Kahane, "Our Cosmic Insignificance", *Nous* 48 (2014): 752。

第 3 章　无意义

1. 人类整体当然也是如此。人类整体不是一个具有体验的主体。然而跟宇宙不同的是，人类整体至少部分上说是具有体验的主体聚合而成的。
2. 至于送往太空、送往我们月球的卫星及其他残骸，其影响在此忽略。
3. A.J. Ayer, *The Meaning of Life* (London: South Place Ethical Society, 1988), 28.
4. Garrett Thomson, *On the Meaning of Life* (Belmont, CA: Wadsworth, 2002), 53–54.
5. Robert Nozick, "Philosophy and the Meaning of Life," in *Philosophical Explanations* (Cambridge, MA: Belknap, 1981), 586.
6. 或许这类回应不仅对有神论者有吸引力，对无神论者也有吸引力，后者相信，虽然我们的生命没有宇宙性意义，但假如上帝存在，他就能赋予这样一个意义。
7. 有人曾向我表示，如果利他行为是"内在地好或是有意义的"，循环就可避免。考虑到"好"不等于"有意义"，而且我们在这里感兴趣的是后者，因此不妨集中讨论后者。"利他行为是内在地有意义的"这个说法似乎并不清楚。说利他行为内在地有意义，即是说它有某种内在的本旨、目的或意味。但利他行为无论有什么意义，想必都一定源自利他行为对其受益者的所作所为。倘若没有能充当利他行为的受益者（或从事者）的存在者，利他行为还会有什么内在的本旨、目的或意味呢？

8. 这不是说永恒的来生不能使生命更有意义。假如这个来生满足所有必要的条件，包括保留"自我"并具有令人向往的质量，那它就构成了对时间限度的有价值的超越，从而保留了死前生命的至少一部分意义。不过，即使在有来生但没有授予来生的上帝的情况下，来生的好处依然存在。况且，即使生命甫一存在，来生就赋予生命以意义，仍然无法以看来可信的方式把来生视为起初创造那些生命的目的。

9. Upton Sinclair, *I, Candidate for Governor: And How I Got Licked* (Berkeley, CA: University of California Press, 1994), 109.

10. 珍妮·泰克曼（Jenny Teichman）在回应托马斯·内格尔时表达了这种观点。她写道："内格尔怎么知道这点呢？他能直接裁定实情就是这样吗？实际上他只是从他想不出生命能有什么外在意义这一情况推论生命没有这种意义。但这是一个虚假推论（non sequitur）。"见"Humanism and the Meaning of Life," *Ratio* 6 (December 1993): 157。

11. 出处同上，158。

12. 这些是山达基教派（Scientology）的思想。参见 William W. Zellner, *Countercultures: A Sociological Analysis* (New York: St. Martin's Press, 1995), 108。

13. 作为神正论的对等物，所谓金正论，即"考虑到恶之存在而证明金之善"。

14. 我不是在说生命对这些国家的**所有人**都非常糟糕。也许有些人，一般是精英阶层，他们的生命质量相对较好。

15. M.B. Santos, M.R. Clarke, and G.J. Pierce, "Assessing the Importance of Cephalopods in the Diets of Marine Mammals and Other Top Predators: Problems and Solutions," *Fisheries Research* 52 (2001): 121–139 (see 128). 编者按：头足纲动物为软体动物门的一个纲，主要包括乌贼、章鱼等。

16. Christopher McGowan, *The Raptor and the Lamb: Predators and Prey in the Living World* (New York: Henry Holt and Co., 1997), 34.

17. Archie Carr, *So Excellent a Fishe: A Natural History of Sea Turtles* (Gainesville, FL:

University of Florida Press, 2011 [1967]), 78.
18. Christopher McGowan, *The Raptor and the Lamb: Predators and Prey in the Living World* (New York: Henry Holt and Co., 1997), 12–13.
19. 出处同上，77–78。
20. 常有人说，假如捕食者没有吃掉它们的猎物，那么猎物种群数量就会超过环境的承载力，种群就会慢慢死亡。然而一位全知全能全善的神，一定本可以找到不那么暴力、不那么充满苦难的方案来解决这个问题。一种可能性是让种群在数量增至过高时变得不育。
21. 有人试图主张，是人的自觉（human self-awareness）使人的生命可能具有意义。对这一点的探讨，参见 Thaddeus Metz, *Meaning in Life* (Oxford, UK: Oxford University Press, 2013), 40–41. 但即使是这样，人生可能有的意义也必定属于世间意义。人的自觉，或者更为一般的人类独特性，看上去和宇宙性意义毫不相干（虽然它们无疑和宇宙性意义阙如之感有关）。
22. 例如参见 William Lane Craig, "The Absurdity of Life without God," in *The Meaning of Life* (second edition), ed. E. D. Klemke (New York: Oxford University Press, 1999), 40–56。
23. 例如常有人说，没有上帝就不可能有道德价值。然而，有大量富有说服力的著述拒斥这种想法。
24. Stephen Law, "The Meaning of Life," *Think* 11 (Spring 2012): 30.
25. 出处同上。
26. 库尔特·贝尔（Kurt Baier）表达了这个观点。他区分了因果性解释与目的性解释，见 "The Meaning of Life," in *The Meaning of Life* (second edition), ed. E.D. Klemke (New York: Oxford University Press, 1999), 104–105。
27. 库尔特·贝尔也做了这个区分。出处同上，105。
28. 之所以说并非对所有人来说这一点都属实，是因为很多人——据某些估计，几乎一半的人——都不是被有意造出的。相反，他们是性行为无心带来的副产品。
29. 他对这一论证的总结如下："我们具备价值，且如果我们在宇宙中独一无二，则没有其他事物具备价值。所以我们是宇宙中唯一有价值的事物，则显而易见，我们具备最大的价值。所以我们具有极大的宇宙性意味。"见 Guy

Kahane, "Our Cos-mic Insignificance," *Nous* 48 (2014): 756。
30. 出处同上。
31. 出处同上，757。
32. 例如他说"很难……找到哪位作者会真心认为无数无辜的人类及其他动物的长期痛苦和死亡完全无关紧要，即在价值上不造成任何差别"(756)。
33. 他的确承认有些人"会坚持认为我们应该也把有生者加进来……即使这些有生者没有感觉"(757)，但他似乎并不接受这个看法。
34. Guy Kahane, "Our Cosmic Insignificance," 761.
35. 出处同上，749–750。
36. 出处同上，749。
37. 出处同上，强调依原文。
38. 他并未使用这种语言，但在为我们具备价值这一说法辩护时，他提出了一些主张，类似前面的引文："很难……找到哪位作者会真心认为无数无辜的人类及其他动物的长期痛苦和死亡完全无关紧要，即在价值上不造成任何差别"(756)。这些评论谈的是价值而不是人应当怎么做，但当他在说有感觉的生物的苦难与死亡事关紧要时，他看起来就是在说这些生物本身事关紧要。
39. 这种担忧的阙如，尤应归因于这一事实，即我们（当前）并没有受到敌对于我们或漠然对待我们的地外道德行动主体的威胁。
40. 我也正是因此认为我们应该拒斥易多·兰多（Iddo Landau）提出的对"角度"与"有意义性的标准"的区分，这一区分虽然聪明，但终究有缺陷。见"The Meaning of Life *sub specie aeternitatis*," *Australasian Journal of Philosophy* 89 (December 2011): 727–745。他论证说，虽然我们的行动从宇宙**角度**是看不见的，但我们致力于值得做的事，这仍然事关紧要，仍然有**意义**。一项行动即使效果很小甚至没有效果，上帝或一个假想的观察者也可以把它评价为有意义。但这样论证是行不通的，因为这里发生的情况应该是这样：上帝或假想的宇宙观察者采取的是一个更为局域性的角度，尽管它被兰多教授称为宇宙角度。错误在于他误解了宇宙角度是什么。比如说一位宇航员在太空里，那么他具有的家庭意义并不因此变成宇宙性意义。类似的，上帝或者假想的观察者不在地球上，这本身不代表他对地球上的事务采取的视角不是属于地球的。

41. 也许会有人提出，虽然地球上遍布生命，但人类是唯一有智能的地球物种。但是，即使有人觉得这一点赋予人类某种特殊的价值，仍然不改变不了一点：假如人类是地球上唯一有感觉的生物（或者，假如包含人类在内的有感觉生物的数量远少于现在），那么人类具有的世间价值还会更大。
42. Guy Kahane, "Our Cosmic Insignificance," 761.
43. Thomas Nagel, "The Absurd," in *Mortal Questions* (Cambridge, UK: Cambridge Uni-versity Press, 1979), 11.
44. 出处同上，12。
45. 出处同上。
46. 库尔特·贝尔提出了类似的论证。他说，如果生命"终究能够值得一过，那它即使短暂也值得一过。而如果生命完全不值一过，那永恒的生命也不过是一场噩梦"。见"The Meaning of Life," in *The Meaning of Life* (second edition), ed. E.D. Klemke (New York: Oxford University Press, 1999), 128。
47. Thomas Nagel, "The Absurd," in *Mortal Questions*, 12.
48. Robert Nozick, "Philosophy and the Meaning of Life," in *Philosophical Expla-nations* (Cambridge, MA: Belknap, 1981), 594.
49. 例如参见 Thaddeus Metz, *Meaning in Life* (Oxford, UK: Oxford University Press, 2013)。此类论者一般不把较为狭窄的关注点照实标明以引人注意。
50. Peter Singer, *How Are We to Live?* (Amherst, NY: Prometheus Books, 1995), 218.
51. 出处同上，211。
52. 亦参见 Peter Singer, *Practical Ethics* (third edition) (Cambridge, UK: Cambridge Uni-versity Press, 2011), 294。
53. Peter Singer, *How Are We to Live?* 217.
54. Christopher Belshaw, *10 Good Questions about Life and Death* (Malden, MA: Blackwell, 2005), 124.
55. Guy Kahane, "Our Cosmic Insignificance," 760.
56. Susan Wolf, "Happiness and Meaning: Two Aspects of the Good Life," *Social Philosophy and Policy* 14 (1997): 215.
57. Guy Kahane, "Our Cosmic Insignificance," 763.

58. 出处同上，764。
59. 出处同上，763。盖伊·卡亨承认"这样的判词不单是严厉，而且也不公平"，但并未完全摒弃。
60. Tim Oakley, "The Issue Is Meaninglessness," *Monist* 93 (2010): 110.
61. Thomas Joiner, *Why People Die by Suicide* (Cambridge, MA: Harvard University Press, 2005), esp. 117–136.
62. 弗兰克尔博士未区分意义与感知到的意义，但很明显，让人能活下去的是感知到的意义。
63. Viktor Frankl, *Man's Search for Meaning* (third edition) (New York: Simon & Schuster, 1984), 109.
64. 出处同上，84。作者在第 109 页以赞许的口吻重复了这句话。
65. 出处同上，104。
66. Thaddeus Metz, "The Meaning of Life," *Oxford Bibliographies Online*, http://www.ox-fordbibliographies.com/view/document/obo-9780195396577/obo-9780195396577-0070.xml (accessed June 9, 2010).
67. 这种表述在"理性所要求的憾恨"和"理性所容许的憾恨"两种意思之间没有偏向。后者不如前者重，但也足以为担忧宇宙意义之阙如的人正名。
68. 而假如地球上没有我们，实际上对地球实倒很可能是好事。参见 David Benatar, "The Misanthropic Argument for Anti-Natalism," in *Permissible Progeny? The Morality of Procreation and Parenting*, eds. Sarah Hannan, Samantha Brennan, and Richard Vernon (New York: Oxford University Press, 2015), 34–64.

第 4 章　质量

1. 我认为"幸存者内疚"（survivor's guilt）不是例外，因为幸存与其说是正面的好事，不如说是躲开了某件糟糕的事。不过也可能存在例外，因此我用"一般"来限定我的说法。
2. 这些发现见于 David G. Myers and Ed Diener, "The Pursuit of Happiness," *Scientific American* (May 1996): 70–72。亦参见 Angus Campbell, Philip E. Converse, and Willard L. Rodgers, *The Quality of American Life* (New York: Russell

Sage Foundation, 1976), 25。
3. Frank M. Andrews and Stephen B. Withey, *Social Indicators of Well-Being: Americans' Perceptions of Life Quality* (New York: Plenum Press, 1976), 334.
4. 对这项证据的综述见于 Shelley Taylor and Jonathan Brown, "Illusion and Well-Being: A Social Psychological Perspective on Mental Health," *Psychological Bulletin* 103 (1988): 193–210。
5. 我从前以为相关证据毫不含糊地支持如下结论：人对正面经历记得比负面经历好。但我后来得知，实际的发现更为复杂。针对这一点，下条注释将描述一些迹象。
6. 例如，负面经历有可能在刚发生时占据上风。但在"非心境恶劣状态"（non-dysphoric）的人那里，负面经历的淡化甚于正面经历，于是长期看，对正面经历的记忆会更好。正面记忆更好这一点，在它影响自我形象时会更明显。参见 Shelley E. Taylor, *Positive Illusions: Creative Self-Deception and the Healthy Mind* (New York: Basic Books, 1989); Margaret W. Matlin and David J. Stang, *The Pollyanna Principle: Selectivity in Language, Memory, and Thought* (Cambridge, MA: Schenkman Pub. Co., 1978); W. Richard Walker, Rodney J. Vogl, and Charles P. Thompson, "Autobiographical Memory: Unpleasantness Fades Faster Than Pleasantness over Time," *Applied Cognitive Psychology* 11 (1997): 399–413; W. Richard Walker et al., "On the Emotions That Accompany Autobiographical Memories: Dysphoria Disrupts the Fading Affect Bias," *Cognition and Emotion* 17 (2003): 703–723; Roy Baumeister et al., "Bad Is Stronger Than Good," *Review of General Psychology* 5 (2001), esp. 344, 356。
7. Ronald Inglehart, *Cultural Shift in Advance Industrial Society* (Princeton, NJ: Princeton University Press, 1990), 241–246.
8. 出处同上，242。
9. 出处同上，246。
10. 也许有人会争论说，对瘫痪的适应确实构成了客观状况的改善。对于这种反驳，可能有人会回应说它忽略了一个区别，即客观状况——本例中即瘫痪——与主观上如何回应客观状况的区别。不过就算承认有可能存在一个反馈回路，即主观评估可以在一定程度上实际影响到客观状况，也可以拒斥前述的反驳。更具体来说，我们可以承认反馈回路能使某人的客观状况得到一些改善，但只要该人一直瘫痪，其客观状况就比其主观评估所认识到的要差很多。

11. Richard A. Easterlin, "Explaining Happiness," *Proceedings of the National Academy of Sciences* 100 (September 16, 2003): 11176–11183.
12. 例如参见 Joanne V. Wood, "What Is Social Comparison and How Should We Study It?" *Personality and Social Psychology Bulletin* 22 (1996): 520–537。
13. 更多相关论述，参见 Jonathon D. Brown and Keith A. Dutton, "Truth and Consequen-ces: The Costs and Benefits of Accurate Self-Knowledge," *Personality and Social Psycho-logy Bulletin* 21 (1995): 1292。
14. 不怕把自己弄得浑身污秽的话就无所谓了，所以此处的限定是必要的。
15. 对这种感觉的描述，参见 Patricia A Marshall, "Resilience and the Art of Living in Remission," in *Malignant: Medical Ethicists Confront Cancer*, ed. Rebecca Dresser (New York: Oxford University Press, 2012), 94。
16. Dan Ariely, *Predictably Irrational* (revised and expanded edition) (New York: Harper, 2009), xxiii–xxiv.
17. Tony Judt, The Memory Chalet (New York: Penguin Press, 2010), 15.
18. 出处同上，17。
19. 出处同上。
20. 出处同上，20。
21. Arthur Frank, *At the Will of the Body* (Boston: Houghton Mifflin, 1991), 27.
22. Christopher Hitchens, *Mortality* (New York: Twelve, 2012), 67. 他想说的是不是**后颈**？
23. Ruth Rakoff, *When My World Was Very Small* (Toronto: Random House Canada, 2010), 99.
24. American Cancer Society, "Lifetime Risk of Developing or Dying from Cancer," http://www.cancer.org/cancer/cancerbasics/lifetimeprobability-of-developing-or-dying-from-cancer (accessed October 6, 2013).
25. Cancer Research U.K., "Lifetime Risk of Cancer," http://www.researchuk.org/cancer-info/cancerstats/incidence/risk/statistics-onthe-risk-of-developing-

cancer (accessed October 6, 2013).
26. "年长"是相对而言的。有很多儿童、青少年、中年人得癌症，但比如说，古稀之年的人得癌症的可能性，还是要高于儿童、青少年和中年人。
27. 我将在第 5 章详述这一点。
28. Philip A. Pizzo, "Lessons in Pain Relief—A Personal Postgraduate Experience," *New England Journal of Medicine* 369 (September 19, 2013): 1093.
29. William Styron, *Darkness Visible: A Memoir of Madness* (New York: Random House, 1990), 47.
30. 出处同上。
31. 出处同上，49。
32. 出处同上，62。
33. 更多相关论述，参见 David Benatar, "The Misanthropic Argument for Anti-Natalism," in *Permissible Progeny? The Morality of Procreation and Parenting*, eds. Sarah Hannan, Samantha Brennan, and Richard Vernon (New York: Oxford University Press, 2015), 34–64。
34. 一位强奸受害者评论说："想象强奸受害者的感受绝非易事，因为受害者经历的很多事情是无法想象的。"见 Susan J. Brison, *Aftermath: Violence and the Remaking of a Self* (Princeton, NJ: Princeton University Press, 2002), 5。
35. Arthur Schopenhauer, "On the Sufferings of the World," in *Complete Essays of Scho-penhauer* (Translated by T. Baily Saunders), Book 5 (New York: Wiley, 1942), 2.
36. 而即使是养育各方面都好的孩子，也需要费很大力气。但在这件事上做不到位，可能性就太多了。没有父母教养的自然结果就是一个野孩子长大成人，但育儿方面有很多错误都能产生接近这一结果甚至更糟的成年人。
37. 有些人也许会争论说，中年获得的成就和增长的智慧能抵过这个阶段衰弱的损失。这并非毫无道理，但若能既拥有中年的得益，又不会衰弱，岂不更好？
38. 由此往后，我将不区分欲望与偏好，因为类似的评说对两者都适用。
39. Abraham Maslow, *Motivation and Personality* (second edition) (New York: Harper & Row, 1970), xv.

40. 据说阿巴·埃班（Abba Eban, 1915—2002，以色列外交家）曾说一个对手"他的无知是百科全书级的"。这句骂人话其实对于我们所有人都适用。阿巴·埃班这句话也许是从斯坦尼斯瓦夫·莱茨的一句格言改写而来，那句格言说"你时不时就会遇到一个百科全书级无知的人"。
41. 我说"在某个最低质量阈值之上"，意思是生命值得**延续**的阈值。这个阈值低于生命值得**开始**所需的阈值。参见 *Better Never to Have Been*, 22–28。
42. 同样可以就道德良善、审美体验及其他的能力和特征提出类似的观点。
43. 有人也许会采取对生命质量的某种主观阐述，想凭这一点对本节（"为何坏多于好"）的所有内容都置之不理。比如说，一个人的生命如果就像自己认为的那样好，而大多数人又都认为自己的生命拥有的好处比坏处多，那么大多数生命拥有的好处就比坏处要多。这种阐述的一个问题是它没有容人犯错的余地。有一些更精致的主观阐述试图处理这个缺点。例如，韦恩·萨姆纳（Wayne Sumner）在 *Welfare, Happiness, and Ethics* (Oxford, UK: Clarendon Press, 1996) 一书中提出了一种阐述，把生命质量（或曰"福利"）与主观生命满足感有条件地划上等号，这个条件就是：那种满足感有事实依据，且是自主的（informed and autonomous）。在此，我虽说不上能做出足够详细的回应，但可以评述一下这种看法的问题。这种看法把所需的"有事实依据"、尤其是"自主"的标准，定在了一个多数智力正常的成年人能达到的阈值。但在我看来，这样定的理由并不清楚。假如有一个物种比我们自主得多，一如我们比幼童自主得多，那么这个物种就很有可能把人类对满足感的判断看成是在自主性上不达标（就像我们认为幼童在自主性上不达标）。实际上，它们可能正会指出我提到过的那些心理特征，引以为证据，表明人类在确定自己的满足感时要么缺少事实依据，要么不能自主地处理所有相关信息。诉诸更为自主的假想生物来否决普通成年人如何过自己生活的决定，这也许不合情理，但这不影响如下主张：尽管普通成年人有物种正常水平的自主性，但他们对生命满足感的主观判断是**有可能出错的**（fallible）。
44. 应该注意到，虽然宗教信仰可能是乐观的，但并不总是乐观。也有悲观的宗教看法。
45. 也许有人会提出，这些疼痛是其他情况下的疼痛所具备的工具性价值的副产品。真是这样的话，如果疼痛只在具有工具性价值的时候出现（即，如无工具性价值疼痛就不会伴随出现），我们的生命会更好。

46. 在反射弧的情况中，疼痛一般伴随厌恶行为，但疼痛不起调节作用。
47. 这当然是化用了斯多葛气质的格言"没有痛苦，哪来收获"（no pain, no gain）。即使这句格言为真，它也是一个不幸的真理。（这让我想起对疼痛不那么乐天的人有一条改版的格言"没有痛苦……哪来痛苦"。）
48. 提出过这一版论证的人包括 Thaddeus Metz, "Are Lives Worth Creating?" *Philosophical Papers* 40 (July 2011): 252–253；David DeGrazia, "Is It Wrong to Impose the Harms of Human Life? A Reply to Benatar," *Theoretical Medicine and Bioethics* 31 (2010): 328–329. 49。
49. 提倡改良的人不使用我打着重引号的宗教语言，这应该是很明显的。我用这种语言是为了凸显相似之处。
50. 这一限定很重要，理由是：如果人类生命在未经改良的情况下就不值得造出来，而改良的幅度大到令生命值得开始，但改良需很长时间才能实现，则仍很难为生育辩护。实现必要的改良所需时间越长，人们就会越长久地创造不值得开始的生命。
51. 考虑到"比较"这一心理现象，这样的一生在我们眼中很可能比实际上要好得多。
52. 有些超人类主义者声称改良可以实现永生。我在第 6 章讨论这些主张。

第 5 章 死

1. Benjamin Franklin, "Letter to Jean Baptiste Le Roy, 13 November 1879," in *The Writings of Benjamin Franklin*, ed. Albert Henry Smyth, Vol. X (New York: Macmillan, 1907), 69.
2. Letter to his brother, Jeremiah Brown, November 12, 1859; https://archive.org/stream/lifeandlettersof00sanbrich/lifeandlettersof00sanbrich_djvu.txt (accessed April 19, 2015).
3. 要让这种意义是正面的，还必须加上一个条件，即获救的士兵是为一场正义战争中的正义一方而战的。

4. Epicurus, "Epicurus to Menoeceus," in *The Stoic and Epicurean Philosophers*, ed. Whitney J. Oates (New York: Random House, 1940), 30–31.
5. 伊壁鸠鲁用的是"感觉"一词,但为了宽厚地呈述伊壁鸠鲁的享乐主义观点,我们可以不只谈论感觉,也谈论一切有意识的状态,包括情绪状态。因此我将用"感受"一词来指称享乐状态的更广范畴。
6. Thomas Nagel, "Death," in *Mortal Questions* (Cambridge, UK: Cambridge University Press, 1979), 5.
7. 这类看法的某些版本在何种欲望或偏好得到满足才算作内在之好的问题上做了更细的分辨。例如它们或许会说,只有"理想的"欲望或偏好——一个人有充分事实依据且完全理性时会拥有的欲望或偏好——才是内在之好。
8. 或者至少它本身(per se)不是非理性的,但在对延续生命与避免未来苦难这两种好处进行权衡时,它会把前者看得太重,而这或许是非理性的。
9. 那些认为利弊角度的考虑要因某人未来是否存活而定的人,之所以这样想,是因为他们接受存在性要求,而这是对伊壁鸠鲁派论证的另一种解读。我将在"死何时对于死者是坏事?"一节考虑这种解读。我在那里就存在性要求如何关系到剥夺论所说的内容,就存在性要求如何关系到作为补充的毁灭论也一样成立。
10. 心理连接性是指较早与较晚时刻之间"特定的直接心理连接的持存",而心理连续性是指"相互重叠的诸个强连接链条的持存",见 Derek Parfit, *Reasons and Persons* (Oxford, UK: Oxford University Press, 1984), 206。帕菲特教授捍卫了一种看法,即真正重要的是("有着正确类别的原因的")心理连接性和/或心理连续性(215,281—320)。虽然我说过,即使从利弊角度看真正重要的是心理连接性或连续性,一个人仍然可以担忧自己的毁灭,但德里克·帕菲特本人声称,他那种看法使他不再那么在意自己的死(282)。
11. Frances Kamm, *Morality, Mortality, Volume 1: Death and Whom to Save from it* (Oxford, UK: Oxford University Press, 1993), 43–53. 卡姆教授举出空档人这个例子来支持她提出的"灭绝因素"(extinction factor),而这与我的毁灭论有着有趣的相似之处。(我是在写完本章初稿之后才得知这一点的,因此她的灭绝因素并未对我的毁灭论有所影响。)
12. Frances Kamm, *Morality, Mortality, Volume 1: Death and Whom to Save from it* (Ox-

ford, UK: Oxford University Press, 1993), 19.

13. 也许有人会提出，如果破坏某个有价值的东西是坏事，那么创造某个有价值的东西也是好事。因此，正像创造艺术杰作是好事一样，造出新人也是好事。然而，这样推论是行不通的。这有一些复杂的理由，不过其中一个理由是，内在价值概念常常过于简单化了。有些人错误地认为，如果某种东西有内在价值，那么多创造一些这种东西就是好事，因为这样就给世界增添了价值。但是也有可能一方面认为诸如一个人是有内在价值的，另一方面又不认为所预期的内在价值提供了造出这个人的理由。为了有助于看到这一点，请考虑道德可考量性（moral considerability）这一（相关）概念。我们可以一方面认为，有感觉的生物在其具有道德可考量性的意义上是有价值的，而并不同时认为造出更多道德上可考量的生物是好事。

14. 这里隐含的意思是，依据剥夺论，如果死不剥夺一个人的任何好处，死就不是坏事。为回应这一点，有人向我提出，剥夺论者仍可以主张，死与那去除了未来好处之可能性的状况的**合取**对于死者是坏事。不过在这个合取里，所有任务都是由那去除了未来好处之可能性的状况完成的。是这个状况在进行剥夺。待到这个状况完成了所有要完成的剥夺，死并不再做进一步的剥夺。

15. 我承认我们惯常的哀悼方式可能不是完完全全追踪所有的坏处。虽然如此，仍可以获得一些洞见。在相同条件下，对死之坏的阐述若与合理哀悼的界域更为一致，这一点即可视为对该阐述的支持。

16. 感谢弗朗西丝·卡姆提出这个想法。

17. Jeff McMahan, "Death and the Value of Life," *Ethics* 99 (October 1988): 33.

18. 我用"非体验性的好东西"这个词，意思不是这些东西不可能被体验或永不被体验，而只是体验这些好东西对于将其看作好东西这一点不是必要的。

19. 这不排除一种可能性，即腿骨折这件事在某些时候（或许是骨折刚发生之时，那时疼痛最剧烈）比在另一些时候（例如马上要取下石膏绷带的时候）更坏。

20. 我用来描述下述种种观点的术语有好几位作者使用，不过他们之间在分类上有一些不同。例如参见 Steven Luper, "Death," in *Stanford Encyclopedia of Philosophy* (revised version), http://plato.stanford.edu/entries/death/ (accessed

January 21, 2014);Ben Bradley, *Well-Being and Death* (New York: Oxford University Press, 2009), 84;Jens Johansson, "When Do We Incur Mortal Harm?" in *The Cambridge Companion to Life and Death*, ed. Steven Luper (New York: Cambridge University Press, 2014), 149–164。

21. 主张这个看法的有 George Pitcher ("The Misfortunes of the Dead," *American Phi-losophical Quarterly* 21 (April 1984): 183–188);以及追随他的 Joel Feinberg,见 *Harm to Others* (New York: Oxford University Press, 1984), 89–91。
22. 这个看法的阐述者之一是弗雷德·费尔德曼（Fred Feldman），见 *Confrontations with the Reaper: A Philosophical Study on the Nature and Value of Death* (New York: Oxford University Press, 1992), 153–154。
23. 出处同上，154；弗雷德·费尔德曼谈的是他亡故的女儿林赛（Lindsay），而非贝丝。
24. 假如这生命不值得一活，那么依照剥夺论，死（在全盘考虑之下）就不会是坏事。
25. 朱利安·拉蒙特（Julian Lamont）提出了这个担忧，参见其 "A Solution to the Puz-zle of When Death Harms Its Victims," *Australasian Journal of Philosophy* 76 (1998): 198–212. Steven Luper 引用了拉蒙特博士的观点，并更清晰地表达了要点，参见 "Death," *Stanford Encyclopedia of Philosophy* (revised version), http://plato.stanford.edu/entries/death/ (accessed January 21, 2014)。
26. Julian Lamont, "A Solution to the Puzzle of When Death Harms Its Victims," *Aus-tralasian Journal of Philosophy* 76 (1998): 198–212.
27. Thomas Nagel, "Death," in *Mortal Questions*, 5.
28. 出处同上。
29. 出处同上。
30. 加上这个限定是因为有些人也许认为，除非决定论为真，否则未来事件在发生之前不可能有真值。不过另一些人认为，即使未来尚未固定，但毕竟将要实际发生的事总要发生，尽管要发生什么乃是未经决定也无法预知的。
31. 我说"据某些看法"，因为有些人可能否认腿骨折这一点可以在其成真条件实际出现之前为真。
32. 我说"聪明"人，意指这样一些人：他们在论证的技术细节上展现出一定本领，明显是智力较高的，但又显示出缺乏智慧。就这一点的更多论述，参见 David Bena-tar, "Forsaking Wisdom," *The Philosophers' Magazine* (First Quarter 2016): 23–24.

33. 死后遭遇的坏事与死一样具有这一特征。
34. Frederik Kaufman, "Pre-Vital and Post-Mortem Non-Existence," *American Philosophical Quarterly* 36 (January 1999): 1–19.
35. 德里克·帕菲特有此评论，不过他认为我们若无此偏差会更好。见 Derek Parfit, *Reasons and Persons* (Oxford, UK: Oxford University Press, 1984), 170–181。
36. Fred Feldman, *Confrontations with the Reaper* (New York: Oxford University Press, 1992), 155.
37. Frederik Kaufman, "Pre-Vital and Post-Mortem Non-Existence," *American Philosophical Quarterly* 36 (January 1999): 11. 下面我就要来概述考夫曼教授令人信服的论证。
38. 出处同上。
39. 出处同上，3。
40. David Benatar, *Better Never to Have Been: The Harm of Coming into Existence* (Oxford, UK: Oxford University Press, 2006).
41. 谢利·卡根（Shelly Kagan）曾对我提出，毁灭因素并不能避免对称性问题。他在 *Death* (New Haven, CT: Yale University Press, 2012, 227) 一书中区分了"丧失"（loss，不再拥有自己曾经拥有的东西）和"未得"（schmoss，尚未拥有自己终将拥有的东西），借此区分，他提出有一种与毁灭／虚寂（终止存在）平行对称的情况，据我回忆被他冠名为"前寂"（prehilation），不过我建议我们叫它"出寂"（exnihilation，将会存在，或可说是终止不存在）更好。以下是他从"丧失"和"未得"角度提出的驳论：

> 死后的时间里，有一条生命的丧失，但没有一条生命的未得；生前的时间里，有一条生命的未得，但没有一条生命的丧失。而现在，我们身为哲学家，需要问问：为什么我们在意生命的丧失甚于生命的未得？我们不拥有某个我们曾经拥有的东西这一点，到底为什么就比不拥有某个我们将

我推测，若把这个想法应用到前毁和毁灭上，所引这段结尾的提问就会类似这样："我们将会终止存活（毁灭）这一点，到底为什么就比来到世上（出寂）来得更坏？"然而我已经提出，这个问题有个不错的回答，即我们没有来到世上的兴趣，但确有不终止存活的兴趣（而如果你像我一样认为，我们非但没有来到世上的兴趣，还有**不要**来到世上的兴趣，那么出寂和毁灭／虚寂的不对称性就更强烈了）。

42. 关于兴趣／利益（interest）的不同含义，更多论述参见 David Benatar, *Better Never to Have Been*, 135–152。
43. 请注意这是一个关于死的断言，而不是一个更有争议的关于安乐死的断言。
44. 也许有人会说来到世上也是一切好事的条件，但这里的坏处和好处是不对称的。参见 David Benatar, *Better Never to Have Been*, 30–40; David Benatar and David Wasserman, *Debating Procreation* (New York: Oxford University Press, 2015), 21–34, 37–38, 48–52. 不过，就算拒斥这些论证，也请看下面一段对非对称性的讨论。
45. 关于感觉在妊娠后期出现这一点，参见 David Benatar and Michael Benatar, "A Pain in the Fetus: Toward Ending Confusion about Fetal Pain," *Bioethics* 15 (2001): 57–76。
46. Jeff McMahan, *The Ethics of Killing* (New York: Oxford University Press, 2002), 170.
47. 出处同上。
48. 毁灭论和时间相关兴趣论不是互斥的。所以，我没有主张要拒斥时间相关兴趣论。我的论点毋宁是，毁灭论对于达到同样可信的结论是同样有效的。
49. Jeff McMahan, *The Ethics of Killing*, 118.
50. 出处同上。不过，杰夫·麦克马汉第一次用这个例子是在 "Death and the Value of Life," *Ethics* 99 (October 1988): 45。
51. Fred Feldman, "Some Puzzles about the Evil of Death," *Philosophical Review* 100 (1991): 225.
52. Jeff McMahan, *The Ethics of Killing* (New York: Oxford University Press, 2002), 120.

53. 出处同上。
54. 在第6章，我会考察永生是否必然是坏事这个问题。
55. 推迟几秒钟则只有微不足道的差别，甚至没有差别。
56. "走出"死亡这一想法的荒诞之处可以由下面这段话凸显：

> 下辈子，我想倒着活一回。开头是死亡，然后踢开它前行。在敬老院醒来，感觉一天比一天好。因为太健康，被踢出去，领上养老金。然后在开始工作的第一天，就得到一块金表，还有庆祝派对。工作四十年后，已经够年轻，可以去享受退休生活了。狂欢，喝酒，恣情纵欲。然后可以上高中了。接着上小学。然后变成小孩，只顾玩耍，肩上没有任何责任，不久成了婴儿，直到出生。人生最后九个月，漂在水疗池般的奢华环境里。那里有中央供暖，客房服务随叫随到。住的地方一天比一天大，然后，嘿，在高潮中结束了一生！

这段话常被认为是伍迪·艾伦（Woody Allen）、乔治·卡林（George Carlin）或安迪·鲁尼（Andy Rooney）说的，不过 snopes.com 网站认为这段话的某个版本可能为肖恩·莫里（Sean Morey）所作。参见 http://www.snopes.com/politics/soapbox/rooney3.asp (accessed September 1, 2015)。

57. 而死也可能发生在没有毁灭之时——那些认为我们死后依然存活的人就这样看。
58. 至于死前的毁灭是逐渐发生（痴呆之类的情况）还是瞬间发生（中风致人不可逆地丧失意识的情况），则无关紧要。
59. 严格说，这不是一件**无神论**T恤，而是否认来生的T恤。否认来生的人未必是无神论者。〔我是看到赫布·西尔弗曼（Herb Silverman）穿它，才知道有这样一件T恤。〕
60. Shelly Kagan, *Death*, 292.
61. 本齐翁·内塔尼亚胡（Benzion Netanyahu）去世于2012年，而他的一个儿子约纳坦（Yonatan）先于他去世。在以色列1976年奇袭恩德培机场（Entebbe Airport）营救该地被劫人质的行动中，带领突击队的约纳坦阵亡，时年30岁。狰狞死神的狙击手挑选尚未"轮到"的人下手，这是突出的一例。儿子死于 30 岁，而父亲活到 102 岁。
62. 我在这里想起一位有钱的 90 岁老人，他的投资顾问对他说："看我给你找来的这笔投资多棒。五年后我就可以让你的钱翻倍。"他的老客户回答说："你看啊，活到这把年纪，我可不买绿香蕉，等放黄再吃！"
63. 这不是要否认某些情况下年轻人也有充分理由认为余生很少。

第 6 章 永生

1. "长寿赞同者"是杰拉德·格鲁曼（Gerald Gruman）的用词。参见其 *A History of Ideas About the Prolongation of Life* (New York: Springer Pub. Co., 2013), 3–5. 他区分"激进的"与"温和的"长寿赞同论。前者是这里涉及的，因为持论者追求"实质上的永生和永葆青春"。
2. "As humans and computers merge ... immortality?" *PBS NewsHour*, June 10, 2012. 文字稿见：http://www.pbs.org/new-shour/bb/business-july-dec12-immortal_07-10/（accessed January 4, 2015）。
3. 出处同上。这一构想把这项发展的远期日程定在 2027 年。这与雷·库兹韦尔（Ray Kurzweil）和特里·格罗斯曼（Terry Grossman）报告的另一构想有出入（他们并未表示异议），而那一构想是说："很多专家相信……（2004 年起）十年内……你的预期寿命就会向未来延伸。"见 Ray Kurzweil and Terry Grossman, *Fantastic Voyage: Life Long Enough to Live Forever* (London: Rodale International Ltd, 2005), 4（版权登记日期为 2004 年）。
4. John Rennie, "The Immortal Ambitions of Ray Kurzweil: A Review of Transcendent Man," *Scientific American* (February 5, 2011), http://www.scientificamerican.com/article/the-immortal-ambitions-of-ray-kurzweil/ (accessed January 4, 2015).
5. 他的这一说法转引自 Jonathan Weiner, *Long for This World* (New York: HarperCollins, 2010), 167。
6. Aubrey de Grey and Michael Rae, *Ending Aging: The Rejuvenation Breakthroughs That Could Reverse Human Aging in Our Lifetime* (New York: St. Martin's Griffin, 2007), 强调为笔者所加。

7. Aubrey de Grey, "Extrapolaholics Anonymous: Why Demographers' Rejections of a Huge Rise in Cohort Life Expectancy in This Century Are Overconfident," *Annals of the New York Academy of Sciences* 1067 (2006): 88.
8. 出处同上，91。
9. 详尽探讨参见 Gerald Gruman, *A History of Ideas About the Prolongation of Life* (New York: Springer, 2013)。较简略的总结可参见 Steven Shapin and Christopher Martyn, "How to Live Forever: Lessons of History," *British Medical Journal* 321 (December 23–30, 2000): 1580–1582。
10. 深低温保存的一位提倡者 R. C. 默克尔（R.C. Merkle）承认"冷冻过程会造成损害，达到以当前的医疗技术无法逆转的程度"，但他声称这种损害很可能在未来某一天变得可以逆转，见 R.C. Merkle, "The Technical Feasibility of Cryonics," *Medical Hypotheses* 39 (1992): 6, 14。
11. "Cryonic Myths," Alcor Life Extension Foundation, http://www.alcor.org/cryomyths.html#myth2 (accessed January 4, 2014).
12. 深低温保存论否认这些被保存的人是死亡的，所以如果"复活／复苏"（resurrection）真的被理解为让人起死回生，那么他们会抗拒"复活"一词。不过"复苏"无须这样理解。
13. 这个区分出自 Stephen Cave, *Immortality: The Quest to Live Forever and How It Drives Civilization* (New York: Crown Publishers, 2012), 63, 267。利用这个区分的还有 John Martin Fischer and Benjamin Mitchell-Yellin, "Immortality and Boredom," *Journal of Ethics* 18 (2014): 353–372。
14. Raymond Kurzweil and Terry Grossman, *Fantastic Voyage: Live Long Enough to Live Forever* (London: Rodale International Ltd, 2005), 272.
15. Eric Lax, *On Being Funny: Woody Allen and Comedy* (New York: Charter House, 1975), 232.
16. Jonathan Swift, "A Voyage to Laputa," Chapter X, in *Gulliver's Travels and Other Writings*, ed. Ricardo Quintana (New York: Modern Library, 1958), 165–172.
17. 至少这是我对传统（犹太教）看法的理解。圣经文本本身也许看起来意指与此不同，因为在《创世纪》3∶22–24，上帝又提到亚当和夏娃有可能接着去分享生命树的果实并获得永生，以此作为把他们逐出伊甸园的理由。

但是戴维·M. 戈登堡（David M. Goldenberg）（在一次个人通信里）引用了多个出处，如《创世纪》3：19 及巴比伦塔木德中《安息日篇》（Shabbat）55b 和《混和篇》（Eruvin）18b，核实了我对传统看法的解读。他把《创世纪》2：22 理解为表明了吃生命树的果实"会对死亡的引入予以扭转"。

18. Bernard Williams, "The Makropulos Case: Reflections on the Tedium of Immortality," in *Problems of the Self* (Cambridge, UK: Cambridge University Press, 1973), 82–100. 虽然这篇论文获得了很多讨论和赞美，但伯纳德·威廉斯的文风并没有一种它所能有（也应有）的简洁明了。
19. 出处同上，91。
20. 出处同上，92。
21. John Martin Fischer, "Why Immortality Is Not So Bad," *International Journal of Philo-sophical Studies* 2 (1994): 261.
22. Bernard Williams, "The Makropulos Case: Reflections on the Tedium of Immortality," 89–91.
23. 出处同上，90，强调为笔者所加。
24. John Martin Fischer, "Why Immortality Is Not So Bad," 262–266.
25. 出处同上，263。
26. 出处同上，261，266。
27. Roy Perrett, "Regarding Immortality," *Religious Studies* 22 (1986): 226; John Martin Fischer, "Why Immortality Is Not So Bad," 267. 约翰·马丁·费希尔提供的例子是成年时间段内的，而我提供的例子可以说更鲜明，涉及的是童年与成年的差别。
28. 这与杰弗里·斯卡尔（Geoffrey Scarre）的担忧相反。参见他的 *Death* (Stocksfield, UK: Acumen, 2007), 58。
29. Bernard Williams, "The Makropulos Case: Reflections on the Tedium of Immortality," 82, 89.
30. Geoffrey Scarre, *Death* (Stocksfield, UK: Acumen, 2007), 58.
31. 出处同上，58–59。

第 7 章 自杀

1. 人的困境不是能以死避免的命运,但它能以出生避免(这里"出生"泛指来到世上)。
2. 比起"不值得活的生命",我更喜欢说"不值得延续的生命"。这是因为前者有歧义,既可能意指我说的后者,也可能意指"不值得开始的生命"。这个区分很重要,因为对已经开始的生命和未曾开始的生命,所用标准应有不同。更多相关论述参见 *Better Never to Have Been* (Oxford, UK: Oxford University Press, 2006), 22–28。
3. 这点有一些例外。例如参见 Margaret Pabst Battin, *Ethical Issues in Suicide* (Upper Saddle River, NJ: Prentice-Hall, 1995);Valerie Gray Hardcastle and Rosalyn Walker, "Supporting Irrational Suicide," *Bioethics* 16 (2002): 425–438。
4. 在西方社会,自杀已不再违法。然而在绝大多数司法系统里,协助自杀仍属非法。我在别处做过支持协助自杀和自愿的主动安乐死(voluntary active euthanasia)的论证,参见 David Benatar, "Assisted Suicide, Voluntary Euthanasia, and the Right to Life," in *The Right to Life and the Value of Life: Orientations in Law, Politics and Ethics*, ed. Jon Yorke (Farnham, UK: Ashgate, 2010), 291–310。
5. R. G. Frey, "Did Socrates Commit Suicide?" Philosophy 53 (1978): 106–108.
6. 这种解释的另一个变体是说,自杀之所以错,或是因为自杀妨碍了受害者的利益,或是自杀侵犯了其生命权。不同于正文中的版本,这里的版本让权利与利益脱钩。它不把权利看作是在保护利益,而是把权利和利益看成是有区别的。
7. 例如,我放弃我向你声索一笔借款的权利,这样也会丧失未来声索这笔借款的任何权利。但请注意,对权利的这种放弃,涉及的通常是对人(*in personam*)而非对物(*in rem*)的权利。
8. 与安乐死相比,自杀有一个优点。由于自杀者是自己杀死自己,我们旁人对他真的想死有更多一层确信。这是因为,自我了断大概比请他人下手需要更坚定的信念。
9. 其他权利也是类似的机制。例如,如果某人允许他的医生(而非其他任何人)

向某个特定的人分享某项详情，那么他对这项详情的保密权可以针对这个特定的人予以放弃。这就与让渡某人的保密权截然不同，让渡这项权利会允许任何人向任何人传递任何信息。
10. 很多人即使在今天也没有途径获得缓解性药物。
11. 大卫·休谟提出了这一论证，参见他的文章"Of Suicide," in David Hume, *Essays: Moral, Political and Literary* (revised edition), ed. Eugene F. Miller (Indianapolis, IN: Liberty Classics, 1987), 583。
12. 那些成功自行了断的人，虽然本人已不在随之而来的惩罚所及的范围之内，但无论遗体还是遗产都无从逃脱。自杀不成的人，则明显更易受害。
13. 有人对我提出，有一种情形下，国家利益足以使自杀成为过错，就是某人犯下诸如侵吞巨款之类的大错，而他为了躲避后果，了断了自己的性命。这样一来，自杀就会是一种对司法审判的逃避。但是，我并不因此确信国家利益在这类情况下会使自杀成为过错，因为过错者已经付出了生命的代价，而这个代价之高，就连任何正义社会对更严重的过错索取的代价都远远不及。而如果过错者的自杀逃避的不是惩罚，而是对受害者的赔偿——这时我们要假设他的遗留资产不足以偿付，但若生命延续，则能产生收入，付清补偿——那么这就可能属于自杀是过错的情况（但此类情况下使自杀成为过错的不总是**国家**利益）。
14. 虽然这些职责也能由他人承担，但有时候，这会让一些与自行了断之人有特殊关系的人受挫。
15. Derek Parfit, *Reasons and Persons*, 493–502.
16. 也许有人会认为，虽然依据客观清单理论甚至欲望实现理论，一个人对他生命质量的感知都可能与他的实际生命质量不同，但按照享乐主义看法，不可能有这种情况。这样认为是错的。某人的生命中包含多少快乐和痛苦，这一点他本人是有可能弄错的。某人当前究竟有某种快乐的体验还是有某种痛苦的体验，他自己不可能弄错，但这不意味着，对于自己迄今为止体验过或者从今往后会体验多少快乐和痛苦，他也不会弄错。
17. 这里我并不是要宣称有一种笼而统之的"抑郁现实主义"现象，这方面的相关证据指向也不一致。我真正要提出的是一个大为有限的观点，即很多悲观者对生命质量的主观评估比乐观者准确。其实第4章的主要目的之一，就是论证人类生命质量比大多数人认为的要差很多。
18. 对于会因为他自杀而被抛弃的亲朋好友,我们也会带来好处。不过我当前关注的是预期自杀者本人的利益。
19. 其他人也许会说停止存活的悲剧性在于生命负担变得如此之重,以至于一个人对继续存活的兴趣已经被抹去。
20. "粪便摧残"是特伦斯·德·普莱斯(Terrence Des Pres)的用词,指的是纳粹集中营囚徒(或者被运往集中营途中的人)所受虐待的一种。参见他的文章"Excremental Assault," in *Holocaust: Religious and Philosophical Perspectives*, eds. John K. Roth and Michael Berenbaum (New York: Paragon House, 1989), 203–220。
21. 本章改写自 David Benatar, "Suicide: A Qualified Defense," in *The Metaphysics and Ethics of Death: New Essays*, ed. James Stacey Taylor (New York: Oxford University Press, 2013), 222–244。

第 8 章 结论

1. 许多人会留下更长时间的"盲目痕迹"。例如,他们的遗传物质会在他们的后代中存活下来,尽管这些后代在三代以后都不太可能知道他们的身份。因此,并不清楚这些稍许持久的影响有何价值。无论如何,这种影响也只会持续这么久。
2. 《洋葱报》(*The Onion*)上的一条占星预言写道:"你笑,世界就和你一起笑;你哭,你就一个人哭。但是如果你站在一堆婴儿残肢之上,周围有电视摄像机,你可能会做相反的努力。"见 *Onion Calendar*, July 6, 2015。
3. 对这一点的全面讨论,见 Barbara Ehrenreich, *Bright-Sided: How the Relentless Promo-tion of Positive Thinking Has Undermined America* (New York: Henry Holt & Co., 2009)。
4. 苏珊·奈曼(Susan Neiman, "On Morality in the 21st Century," *Philosophy Bites* interview)说:

> 悲观主义这种态度也许看上去很勇敢。有些悲观者摆出相当硬汉的姿

态……（他们说）"我够坚强，能正视事实"，但这种对待世界的方式其实非常懦弱，因为如果你只觉得事情会变得更糟……那么除了躺在扶手椅上摇头，就没什么可做的了。然而，如果你认为人类的行为有可能让世界变得稍好一点点，哪怕不让世界变得更糟……那么你其实就要负起责任，在有生之年做一些小事。所以，说悲观主义勇敢或诚实，是……一个花招。

尽管她谈的是对社会进步的悲观态度，但如果这个强硬的非难在这一情况中是恰当的，那么本书涉及的人生问题，就也不免受这样的非难。

5. Edward Chang (ed.), *Optimism and Pessimism: Implications for Theory, Research and Practice* (Washington, DC: American Psychological Association, 2001).
6. 想让乐观者的信仰经受考验，这个愿望是残忍的，但如果乐观者可以对悲观者尽量好一点，以此考验悲观者的信仰，那会是件好事。
7. 我不是在说父母应该教孩子相信宿命论观点，相信自己的态度永远于事无补。然而，在宿命论与不合理的乐观态度之间，仍然有可教的东西。
8. 对反生育论的其他论证，见 David Benatar, *Better Never to Have Been: The Harm of Coming into Existence* (Oxford, UK: Oxford University Press, 2006)；"David Benatar, "The Misanthropic Argument for Anti-Natalism, " in *Permissible Progeny?* eds. Sarah Hannan, Samantha Brennan, and Richard Vernon (New York: Oxford University Press, 2015), 34–64。
9. 我初次用这个说法是在 David Benatar and David Wasserman, *Debating Procreation: Is It Wrong to Reproduce?* (New York: Oxford University Press, 2015), 129–130。
10. 我曾指出，此点存在例外情况，而这些情况中的死，确实真的给人生赋予了世间意义。
11. 用引号强调是因为，虽然我们常说某人拯救他人的生命，但这其实是过度乐观的描述。此人其实只是延长了一条生命，或说推迟了一桩死亡。这一点并不降低此种行为的高尚程度。
12. 例如参见 Ernest Becker, *The Denial of Death* (New York: Free Press Paperbacks, Simon & Schuster, 1973); Ajit Varki, "Human Uniqueness and the Denial of Death, " *Nature* 460 (August 2009): 684。这类论者认为，不否认死亡，人类

就无法过下去,但这说的不是人人都从字面上否认自己会死(不过可以有理由地说,相信存在不死灵魂的人的确是在某种意义上从字面上否认自己会死。尽管他们不否认生物性的死——除非把肉身复活算作否认肉体死亡——但他们的确否认一个人的本质会死)。关于得知自己会死的不同方式,相关讨论参见 Herman Tennessen, "Happiness Is for the Pigs," *Journal of Existentialism* 7 (Winter 1966/1967): 190–191。

参考文献

Adams, E.M. "The Meaning of Life," *International Journal for Philosophy of Religion* 51 (2002): 71–81.

Alcor Life Extension Foundation. "Cryonic Myths," http://www.alcor.org/cryomyths.html#myth2 (accessed January 4, 2014).

American Cancer Society. "Lifetime Risk of Developing or Dying from Cancer," http://www.cancer.org/cancer/cancerbasics/lifetime-probability-of-developing-or-dying-from-cancer (accessed October 2, 2013).

Andrews, Frank M., and Stephen B Withey. *Social Indicators of Well-Being: Americans' Perceptions of Life Quality* (New York: Plenum Press, 1976).

Ariely, Dan. *Predictably Irrational* (revised and expanded edition) (New York: Harper, 2009).

Ayer, A.J. *The Meaning of Life* (London: South Place Ethical Society, 1988).

Baier, Kurt. "The Meaning of Life," in *The Meaning of Life* (second edition), edited by E.D. Klemke (New York: Oxford University Press, 1999), 101–132.

Battin, Margaret Pabst. *Ethical Issues in Suicide* (Upper Saddle River, NJ: Prentice-Hall, 1995).

Baumeister, Roy, et al. "Bad Is Stronger Than Good," *Review of General Psychology*

5 (2001): 323–370.

Becker, Ernest. *The Denial of Death* (New York: Free Press Paperbacks, Simon & Schuster, 1973).

Beckett, Samuel. *Waiting for Godot: A Tragicomedy in Two Acts* (London: Faber and Faber, 1965 [1956]).

Belshaw, Christopher. *10 Good Questions about Life and Death* (Malden, MA: Blackwell, 2005).

Benatar, David. "Assisted Suicide, Voluntary Euthanasia, and the Right to Life," in *The Right to Life and the Value of Life: Orientations in Law, Politics and Ethics*, edited by Jon Yorke (Farnham, UK: Ashgate, 2010), 291–310.

—— *Better Never to Have Been: The Harm of Coming into Existence* (Oxford, UK: Oxford University Press, 2006).

—— "Forsaking Wisdom," *Philosophers' Magazine* (First Quarter 2016): 23–24.

—— *Life, Death and Meaning* (Lanham, MD: Rowman & Littlefield, 2010 [2004]).

—— "The Misanthropic Argument for Anti-Natalism," in *Permissible Progeny?: The Morality of Procreation and Parenting*, edited by Sarah Hannan, Samantha Brennan, and Richard Vernon (New York: Oxford University Press, 2015), 34–64.

—— "Sexist Language: Alternatives to the Alternatives," *Public Affairs Quarterly* 19 (January 2005): 1–9.

—— "Suicide: A Qualified Defense," in *The Metaphysics and Ethics of Death: New Essays*, edited by James Stacey Taylor (New York: Oxford University Press, 2013), 222–244.

Benatar, David, and Michael Benatar. "A Pain in the Fetus: Toward Ending Confusion about Fetal Pain," *Bioethics* 15 (2001): 57–76.

Benatar, David, and David Wasserman. *Debating Procreation* (New York: Oxford University Press, 2015).

Bradley, Ben. *Well-Being and Death* (New York: Oxford University Press, 2009).

Brison, Susan J. *Aftermath: Violence and the Remaking of a Self* (Princeton, NJ:

Princeton University Press, 2002).

Brown, John. *The Life and Letters of John Brown, Liberator of Kansas, and Martyr of Virginia*, edited by F.B. Sanborn, https://archive.org/stream/lifeandlettersof-00sanbrich/lifeandlettersof00sanbrich_djvu.txt (accessed April 19, 2015).

Brown, Jonathon D., and Keith A. Dutton. "Truth and Consequences: The Costs and Benefits of Accurate Self-Knowledge," *Personality and Social Psychology Bulletin* 21 (1995): 1288–1296.

Cabell, James Branch. *The Silver Stallion* (London: Tandem, 1971).

Campbell, Angus, Philip E. Converse, and Willard R. Rodgers. *The Quality of American Life* (New York: Russell Sage Foundation, 1976).

Camus, Albert. *The Myth of Sisyphus*, translated by Justin O'Brien (London: Penguin, 1975).

Cancer Research UK. "Lifetime Risk of Cancer," http://www.cancerre-searchuk.org/cancer-info/cancerstats/incidence/risk/statistics-on-the-risk-of-developing-cancer (accessed October 6, 2013).

Carr, Archie. *So Excellent a Fishe: A Natural History of Sea Turtles* (Gainesville, FL: University of Florida Press, 2011 [1967]).

Cave, Stephen. *Immortality: The Quest to Live Forever and How It Drives Civilization* (New York: Crown Publishers, 2012).

Chang, Edward (ed.). *Optimism and Pessimism: Implications for Theory, Research and Practice* (Washington, DC: American Psychological Association, 2001).

Craig, William Lane. "The Absurdity of Life without God," in *The Meaning of Life* (second edition), edited by E.D. Klemke (New York: Oxford University Press, 1999), 40–56.

DeGrazia, David. "Is It Wrong to Impose the Harms of Human Life? A Reply to Benatar," *Theoretical Medicine and Bioethics* 31 (2010): 317–331.

de Grey, Aubrey. "Extrapolaholics Anonymous: Why Demographers' Rejections of a Huge Rise in Cohort Life Expectancy in This Century Are Overconfident," *Annals of the New York Academy of Sciences* 1067 (2006): 83–93.

de Grey, Aubrey, and Michael Rae. *Ending Aging: The Rejuvenation Breakthroughs That Could Reverse Human Aging in Our Lifetime* (New York: St Martins' Griffin, 2007).

de Unamuno, Miguel. *The Tragic Sense of Life* (London: Collins, Fontana Library, 1962).

Des Pres, Terrence. "Excremental Assault," in *Holocaust: Religious and Philosophical Perspectives*, edited by John K. Roth and Michael Berenbaum (New York: Paragon House, 1989), 203–220.

Easterlin, Richard A. "Explaining Happiness," *Proceedings of the National Academy of Sciences* 100 (September 16, 2003): 11176–11183.

Edwards, Paul. "The Meaning and Value of Life," in *The Meaning of Life* (second edition), edited by E.D. Klemke (New York: Oxford University Press, 1999), 133–152.

Ehrenreich, Barbara. *Bright-Sided: How the Relentless Promotion of Positive Thinking Has Undermined America* (New York: Henry Holt & Co., 2009).

Eliot, T.S. "Burnt Norton," in *Four Quartets*.

Epicurus. "Epicurusto Menoeceus," in *The Stoic and Epicurean Philosophers*, edited by Whitney J. Oates (New York: Random House, 1940).

Feinberg, Joel. *Harm to Others* (New York: Oxford University Press, 1984).

Feldman, Fred. *Confrontations with the Reaper: APhilosophical Study on the Nature and Value of Death* (New York: Oxford University Press, 1992).

— "Some Puzzles about the Evil of Death," *Philosophical Review* 100 (1991): 205–227.

Fischer, John Martin. "Why Immortality Is Not So Bad," *International Journal of Philosophical Studies* 2 (1994): 257–270.

Fischer, John Martin, and Benjamin Mitchell-Yellin. "Immortality and Boredom," *Journal of Ethics* 18 (2014): 353–372.

Frank, Arthur. *At the Will of the Body* (Boston: Houghton Mifflin Co., 1991).

Frankl, Viktor. *Man's Search for Meaning* (third edition) (New York: Simon &

Schuster, 1984).

Franklin, Benjamin. "Letter to Jean Baptiste Le Roy, 13 November 1879," in *The Writings of Benjamin Franklin*, edited by Albert Henry Smyth, Vol. X (New York: Macmillan, 1907).

Frey, R.G. "Did Socrates Commit Suicide?" *Philosophy* 53 (1978): 106–108.

Gruman, Gerald. *A History of Ideas about the Prolongation of Life* (New York: Springer, 2013).

Hardcastle, Valerie Gray, and Rosalyn Walker. "Supporting Irrational Suicide," *Bioethics* 16 (2002): 425–438.

Hitchens, Christopher. *Mortality* (New York: Twelve, 2012).

Hume, David. "Of Suicide," in *Essays: Moral, Political and Literary* (revised edition), edited by Eugene F. Miller (Indianapolis, IN: Liberty Classics, 1987).

Inglehart, Ronald. *Culture Shift in Advanced Industrial Society* (Princeton, NJ: Princeton University Press, 1990).

Johansson, Jens. "When Do We Incur Mortal Harm?" in The *Cambridge Companion to Life and Death*, edited by Steven Luper (New York: Cambridge University Press, 2014), 149–164.

Joiner, Thomas. *Why People Die by Suicide* (Cambridge MA: Harvard University Press, 2005).

Judt, Tony. *The Memory Chalet* (New York: Penguin Press, 2010).

Kagan, Shelly. *Death* (New Haven, CT: Yale University Press, 2012).

Kahane, Guy. "Our Cosmic Insignificance," *Nous* 48 (2014): 745–772.

Kamm, Frances. *Morality, Mortality, Volume 1: Death and Whom to Save from It* (Oxford, UK: Oxford University Press, 1993).

Kaufman, Frederik. "Pre-Vital and Post-Mortem Non-Existence," *American Philosophical Quarterly* 36 (January 1999): 1–19.

Kripke, Saul. *Naming and Necessity* (Cambridge, MA: Harvard University Press, 1972).

Kurzweil, Raymond, and Terry Grossman. *Fantastic Voyage: Live Long Enough to*

Live Forever (London: Rodale International Ltd, 2005).

Lamont, Julian. "A Solution to the Puzzle of When Death Harms Its Victims," *Australasian Journal of Philosophy* 76 (1998): 198–212.

Landau, Iddo. "Immorality and the Meaning of Life," *Journal of Value Inquiry* 45 (2011): 309–317.

— "The Meaning of Life *sub specie aeternitatis*," *Australasian Journal of Philosophy* 89 (December 2011): 727–745.

Law, Stephen. "The Meaning of Life," *Think* 11 (Spring 2012): 25–38.

Lax, Eric. *On Being Funny: Woody Allen and Comedy* (New York: Charter House, 1975).

Luper, Steven. "Death," in *Stanford Encyclopedia of Philosophy* (revised version), May 26, 2009, http://plato.stanford.edu/entries/death/ (accessed January 21, 2014).

Marshall, Patricia A. "Resilience and the Art of Living in Remission," in *Malignant: Medical Ethicists Confront Cancer*, edited by Rebecca Dresser (New York: Oxford University Press, 2012), 86–102.

Maslow, Abraham. *Motivation and Personality* (second edition) (New York: Harper & Row, 1970).

Matlin, Margaret W., and David J. Stang. *The Pollyanna Principle: Selectivity in Language, Memory, and Thought* (Cambridge, MA: Schenkman Pub. Co., 1978).

McGowan, Christopher. *The Raptor and the Lamb: Predators and Prey in the Living World* (New York: Henry Holt and Co., 1997).

McMahan, Jeff. "Death and the Value of Life," *Ethics* 99 (October 1988): 32–61.

— *The Ethics of Killing* (New York: Oxford University Press, 2002).

Merkle, R.C. "The Technical Feasibility of Cryonics," *Medical Hypotheses* 39 (1992): 6–16.

Metz, Thaddeus. "Are Lives Worth Creating?" *Philosophical Papers* 40 (July 2011): 233–255.

— *Meaning in Life* (Oxford, UK: Oxford University Press, 2013).

—— "The Meaning of Life," in *Oxford Bibliographies Online*, http://www.oxford-bibliographies.com/view/document/obo-9780195396577/obo-9780195396577-0070.xml (accessed June 9, 2010).

Miller, Henry. *The Wisdom of the Heart* (London: Editions Poetry London, 1947).

Myers, David G., and Ed Diener. "The Pursuit of Happiness," *Scientific American* (May 1996): 70–72.

Nagel, Thomas. "The Absurd," in *Mortal Questions* (Cambridge, MA: Cambridge University Press, 1979), 11–23.

—— "Death," in *Mortal Questions* (Cambridge, MA: Cambridge University Press, 1979), 1–10.

Neiman, Susan. "On Morality in the 21st Century," *Philosophy Bites* interview. March 27, 2010, http://philosophybites.com/2010/03/susan-neiman-on-morality-in-the-21st-century.html (accessed March 28, 2010).

Nozick, Robert. "Philosophy and the Meaning of Life," in *Philosophical Explanations* (Cambridge MA: Belknap, 1981), 571–650.

Oakley, Tim. "The Issue Is Meaninglessness," *Monist* 93 (2010): 106–122.

Parfit, Derek. *Reasons and Persons* (Oxford, UK: Clarendon Press, 1984).

PBS NewsHour. "As Humans and Computers Merge ... Immortality?" June 10, 2012, http://www.pbs.org/newshour/bb/business-july-dec12-immortal_07-10/ (accessed January 4, 2015).

Perrett, Roy. "Regarding Immortality," *Religious Studies* 22 (1986): 219–233.

Pitcher, George. "The Misfortunes of the Dead," *American Philosophical Quarterly* 21 (April 1984): 183–188.

Pizzo, Philip A. "Lessons in Pain Relief—A Personal Postgraduate Experience," *New England Journal of Medicine* 369 (September 19, 2013): 1092–1093.

Quinn, Philip L. "The Meaning of Life According to Christianity," in *The Meaning of Life* (second edition), edited by E.D. Klemke (New York: Oxford University Press, 1999), 57–64.

Rakoff, Ruth. *When My World Was Small* (Toronto: Random House Canada, 2010).

Rennie, John. "The Immortal Ambitions of Ray Kurzweil: A Review of Transcendent Man," *Scientific American* (February 5, 2011), http://www.scientificamerican.com/article/the-immortal-ambitions-of-ray-kurzweil/ (accessed January 4, 2015).

Santos, M.B., et al. "Assessing the Importance of Cephalopods in the Diets of Marine Mammals and Other Top Predators: Problems and Solutions," *Fisheries Research* 52 (2001): 121–139.

Scarre, Geoffrey. *Death* (Stocksfield, UK: Acumen, 2007).

Schopenhauer, Arthur. "Nachträge zur Lehre von der Nichtigkeit des Daseyns," in *Parerga und Paralipomena: Kleine philosophische Schriften*, Vol. 2 (Berlin: Hahn, 1851), 245–246.

— "On the Sufferings of the World," in *Complete Essays of Schopenhauer*, translated by T. Baily Saunders, Book 5 (New York: Wiley, 1942).

Shakespeare, William. *Macbeth*, Act 5, Scene 5.

Shapin, Steven, and Christopher Martyn. "How to Live Forever: Lessons of History," *British Medical Journal* 321 (December 23–30, 2000): 1580–1582.

Sinclair, Upton. *I, Candidate for Governor: And How I Got Licked* (Berkeley, CA: University of California Press, 1994).

Singer, Peter. *How Are We to Live?* (Amherst, NY: Prometheus Books, 1995).

— *Practical Ethics* (third edition) (New York: Cambridge University Press, 2011).

Styron, William. *Darkness Visible: A Memoir of Madness* (New York: Random House, 1990).

Sumner, Wayne. *Welfare, Happiness, and Ethics* (Oxford, UK: Clarendon Press, 1996).

Swift, Jonathan. "A Voyage to Laputa," in *Gulliver's Travels and Other Writings*, edited by Ricardo Quintana (New York: Modern Library, 1958), 165–172.

Taylor, Richard. *Good and Evil* (Amherst, NY: Prometheus Books, 2000).

Taylor, Shelley E. *Positive Illusions: Creative Self-Deception and the Healthy Mind* (New York: Basic Books, 1989).

Taylor, Shelley, and Jonathon Brown. "Illusion and Well-Being: A Social Psychological Perspective on Mental Health," *Psychological Bulletin* 103 (1988): 193–210.

Teichman, Jenny. "Humanism and the Meaning of Life," *Ratio* 6 (December 1993): 155–164.

Tennessen, Herman. "Happiness Is for the Pigs," *Journal of Existentialism* 7 (Winter 1966/1967): 181–214.

Thomson, Garrett. *Onthe Meaningof Life* (Belmont, CA: Wadsworth, 2002).

Varki, Ajit. "Human Uniqueness and the Denial of Death," *Nature* 460 (August 2009): 684.

Walker, W. Richard, et al. "Autobiographical Memory: Unpleasantness Fades Faster Than Pleasantness over Time," *Applied Cognitive Psychology* 11 (1997): 399–413.

Walker, W. Richard, et al. "On the Emotions That Accompany Autobiographical Memories: Dysphoria Disrupts the Fading Affect Bias," *Cognition and Emotion* 17 (2003): 703–723.

Weiner, Jonathan. *Long for this World* (New York: HarperCollins, 2010).

Williams, Bernard. "The Makropulos Case: Reflections on the Tedium of Immortality," in *Problems of the Self* (Cambridge, UK: Cambridge University Press, 1973), 82–100.

Wolf, Susan. "Happiness and Meaning: Two Aspects of the Good Life," *Social Philosophy and Policy* 14 (1997): 207–225.

Wolf, Susan. *Meaning in Life and Why It Matters* (Princeton, NJ: Princeton University Press, 2010).

Wood, Joanne V. "What Is Social Comparison and How Should We Study It?" *Personality and Social Psychology Bulletin* 22 (1996): 520–537.

Zellner, W.W. *Countercultures: A Sociological Analysis* (New York: St. Martins' Press, 1995).

Zerjal, Tatiana, et al. "The Genetic Legacy of the Mongols," *American Journal of Human Genetics* 72 (2003): 717–721.